近世代数及其实验

董井成　赵燕　陈莉　许磊　编著

东南大学出版社
SOUTHEAST UNIVERSITY PRESS
·南京·

内 容 简 介

本书内容包括群论、环论、域论初步和近世代数实验四章.全书以群、环、域三大核心概念为主线,系统梳理了近世代数的理论体系,并在此基础上创造性地引入了数学实验.将抽象的理论知识转化为具体可操作的数学实验,既有助于学生更直观地了解近世代数在实际中的应用,真切感受到近世代数与现实世界的紧密联系,还有助于学生巩固所学知识,激发学习的兴趣,提升理论水准,强化知识应用能力.

本书可作为高等院校数学与应用数学、信息安全、计算机科学、物理、化学等专业的本科生或研究生学习"近世代数"课程的教材,也可供相关专业教师及科技工作者阅读参考.

图书在版编目(CIP)数据

近世代数及其实验 / 董井成等编著. -- 南京 : 东南大学出版社, 2025. 8. -- ISBN 978-7-5766-2225-6

Ⅰ. O153-33

中国国家版本馆 CIP 数据核字第 20250PY550 号

责任编辑:吉雄飞　**责任校对:**韩小亮　**封面设计:**王　玥　**责任印制:**周荣虎

近世代数及其实验　Jinshi Daishu Jiqi Shiyan

编　　著　董井成　赵燕　陈莉　许磊
出版发行　东南大学出版社
出 版 人　白云飞
社　　址　南京市四牌楼2号(邮编:210096　电话:025-83793330)
经　　销　全国各地新华书店
印　　刷　广东虎彩云印刷有限公司
开　　本　700 mm×1000 mm　1/16
印　　张　7.5
字　　数　147千字
版　　次　2025年8月第1版
印　　次　2025年8月第1次印刷
书　　号　ISBN 978-7-5766-2225-6
定　　价　30.00元

本社图书若有印装质量问题,请直接与营销部联系,电话:025-83791830。

前 言

近世代数作为数学系本科生的重要基础课程，在数学领域占据着关键地位. 它起源于19世纪伽罗瓦在研究高次方程根式解的问题时开创的群论这一近世代数的重要分支，其理论为方程根的可解性提供了全新的视角，彻底改变了代数学的发展进程. 随后，环论、域论等相关理论也逐步建立和完善，众多数学家的深入研究使近世代数的体系日益丰富.

近世代数在现代科学技术的众多领域有着广泛且重要的应用. 在密码学中，基于近世代数的理论构建了各种加密算法来保障信息安全，如RSA加密算法就利用了数论中的同余运算和欧拉函数等知识；在编码理论里，借助群论和域论的理论设计纠错码，提升了数据传输的可靠性；在计算机科学中，近世代数的思想为数据结构和算法设计提供了深厚的数学基础，优化了程序性能. 此外，近世代数在量子计算、粒子物理等前沿领域也发挥着不可或缺的作用，为这些领域的研究提供了有力的数学工具.

本书旨在为数学系本科生提供一本全面且实用的近世代数教材，不仅涵盖了群论、环论、域论等经典核心内容，还独具特色地加入了近世代数实验板块. 这一创新设计有着多重重要意义. 一方面，实验内容能够帮助学生更直观地了解近世代数在实际中的应用，真切感受到近世代数与现实世界的紧密联系. 例如，通过RSA加密算法实验，学生可以深刻理解同余运算在信息安全领域的具体运用；在图形对称性实验中，学生能将群论知识与几何图形的对称变换相结合，体会到近世代数在描述图形性质方面的强大功能. 另一方面，实验环节能够有效提高学生的学习兴趣. 传统的近世代数教学往往侧重于理论推导，学生在学习过程中可能会觉得枯燥乏味. 实验的加入则为学生提供了动手实践的机会，使他们能够主动参与到学习中来，从被动接受知识转变为主动探索知识.

此外，实验还能将抽象的理论具体化. 近世代数的概念和定理较为抽象，学生理解起来有一定难度. 通过实验，学生可以将相关理论知识转化为具体的操作和现象，从而更好地掌握这些知识. 以线性纠错码实验为例，学生在实际操作中能够更深入地理解群码和校验矩阵等概念，明白如何利用这些知识进行错误检测和纠正.

在本书编写过程中，我们力求做到理论与实践相结合，深入浅出地阐述近世代数的基本概念、原理和方法. 每章配备丰富的例题、习题，可以帮助学生巩固所学知识，提升解题能力. 同时，在实验部分提供详细的指导和案例，方便学生自主学习和实践.希望本书能够帮助广大学生更好地掌握近世代数这门课程,为他们未来在数学及相关领域的学习和研究打下坚实的基础.

在近世代数中引入数学实验是我们教学工作的一次大胆尝试,可能还有许多不足之处,恳请读者和同行专家批评指正.在本书编写过程中参考了许多国内外的优秀教材,引用了其中不少例题和习题,因篇幅问题,未能一一列明出处,在此一并表示感谢.

本书的出版荣幸地获得了南京信息工程大学教材建设资金的资助,在此我们表示衷心的感谢!

编 者

2025 年 5 月

目　录

第 1 章　群论

群是有灵魂的集合，而其灵魂就是定义在集合上的二元运算，通过此运算将集合中的元素联系起来成为一个有机的整体. 群也是一种最具代表性的代数系统，是学习其他代数系统的基础.

本章主要介绍两类问题，即群内部的性质和群与群之间的关系. 其中，第一个问题主要涉及群内部元素、子群、陪集以及商群，第二个问题主要涉及群的同态与同构. 此外，我们还将介绍一些有关群论的方法和应用，如群在集合上的作用等.

1.1　群的概念和例子

我们知道的数学对象大部分都可以进行数学运算，而且运算都遵循诸如结合律、封闭性等运算规律. 将这些规律概括起来就得到了半群和群的概念. 在本节中，我们将学习半群和群的概念以及许多具体的例子.

1.1.1　半群和群的概念

定义 1.1.1　设 G 是一个非空集合. 从 $G\times G$ 到 G 的映射

$$f: G\times G \to G$$

称为集合 G 上的一个二元运算，或简称为运算.

我们习惯将集合 G 上的运算表示成“·”，即对任意 $a,b\in G$，可以将 $f(a,b)$ 写成 $a\cdot b$，或更简单地写成 ab，也就是 $f(a,b)=a\cdot b=ab$.

显然，一个集合可以定义多种二元运算. 比如在整数集合 $\mathbf{Z}$ 中，普通的加法和乘法都是二元运算，需要注意的是，除法不是 $\mathbf{Z}$ 上的二元运算，因为两个整数的商不一定是整数.

定义 1.1.2　设 G 是带有二元运算的非空集合. 如果 G 中的二元运算满足结合律，即对任意 $a,b,c\in G$，都有

$$(ab)c=a(bc),$$

则称 G 是一个半群.

如果在半群 G 中存在一个元素 e，使对任意 $a\in G$，都有 $ea=a=ae$，则称 e 为半

群 G 的单位元或幺元. 此时,称 G 为幺半群. 如果 e 只满足 $ea=a$ 或 $ae=a$,则称 e 为左单位元或右单位元.

如果 e_1,e_2 都是幺半群的单位元,则 $e_1=e_1e_2=e_2$,表明幺半群的单位元唯一. 一般记 G 的单位元为 e.

对于幺半群 G 中的元素 a,如果存在 $b\in G$ 使得 $ab=e=ba$,则称 a 是可逆元,b 称为 a 的逆元. 设 b_1,b_2 都是 a 的逆元,则 $b_1=b_1e=b_1(ab_2)=(b_1a)b_2=eb_2=b_2$,表明 a 的逆元唯一. 记 a 的逆元为 a^{-1}. 显然,a^{-1}也可逆且$(a^{-1})^{-1}=a$.

定义 1.1.3 如果幺半群 G 中的每个元素均可逆,则称 G 为群.

我们一般将群中的运算称作乘法. 如果群 G 只含有限个元素,则称 G 为有限群,否则称 G 为无限群. 对于有限群 G,我们把 G 中元素的个数记作$|G|$,称之为 G 的阶. 如果$|G|=n$,则称 G 为 n 阶群.

如果群 G 还满足交换律,即对任意 $a,b\in G$ 都有 $ab=ba$,则称 G 为 Abel 群或交换群.

在群 G 中我们可以方便地定义元素 $a\in G$ 的整数次幂:对任意正整数 n,定义

$$a^n=(a^{n-1})\cdot a,\quad a^{-n}=(a^{-1})^n,$$

并将 a^0 定义为 e,从而对任意的整数 m,n,有

$$a^m\cdot a^n=a^{m+n},\quad (a^m)^n=a^{mn}.$$

由群的定义,我们可得如下判断非空集合成为群的定理.

定理 1.1.4 设 G 是一个带有二元运算的非空集合,则 G 构成群当且仅当它满足以下四个条件:

(1) 封闭性:对任意 $a,b\in G$,有 $ab\in G$;

(2) 结合律:对任意 $a,b,c\in G$,有$(ab)c=a(bc)$;

(3) 单位元:对任意 $a\in G$,存在 $e\in G$,使 $ea=ae=a$;

(4) 可逆元:对任意 $a\in G$,存在 $b\in G$,使 $ab=ba=e$.

群的概念具有相当的广泛性,我们之前学过的许多数学对象都可以作成群. 下面的例子可根据定理 1.1.4 直接验证.

例 1.1.5 全体整数 $\mathbf{Z}=\{0,\pm1,\pm2,\cdots\}$按通常的加法构成一个群,且单位元是 0,对任意 $n\in\mathbf{Z}$,n 的逆元为 $-n$. 但 $\mathbf{Z}$ 在通常乘法下只能成为一个幺半群,单位元是 1.

例 1.1.6 数域 F 上全体 n 阶方阵按矩阵乘法构成一个幺半群 $M_n(F)$,单位元是 n 阶单位矩阵. 称 $M_n(F)$为 F 上的全矩阵幺半群. 但是,$M_n(F)$关于矩阵的加法却可以构成一个群,单位元是零矩阵,每个矩阵的逆元是它的负矩阵.

例 1.1.7　数域 F 上全体 n 阶可逆方阵按矩阵乘法构成一个群 $GL_n(F)$，单位元是 n 阶单位矩阵，$A\in GL_n(F)$ 的逆元为其逆矩阵. 称 $GL_n(F)$ 为 F 上的一般线性群.

例 1.1.8　记 $SL_n(F)=\{A\in GL_n(F)\mid |A|=1\}$，易证 $SL_n(F)$ 在矩阵的乘法下也构成一个群. 称 $SL_n(F)$ 为特殊线性群.

上面的例子都是无限群，下面我们举一个有限群的例子.

例 1.1.9　集合

$$G=\{x\in\mathbf{C}\mid x^3=1\}=\left\{1,\frac{-1+\sqrt{-3}}{2},\frac{-1-\sqrt{-3}}{2}\right\}=\{\varepsilon_0,\varepsilon_1,\varepsilon_2\}$$

关于复数乘法构成一个阶为 3 的群，其中 $\mathbf{C}$ 代表复数域. 定理 1.1.4 中(1)和(2)是显然的. 单位元是 ε_0，ε_1 的逆元是 ε_2，ε_2 的逆元是 ε_1.

下面我们继续讨论群的基本性质.

命题 1.1.10　对群 G 中的任意两个元素 a 和 b，方程 $ax=b$ 和 $ya=b$ 在 G 中均有唯一解.

证明　在第一个方程两边同时左乘 a^{-1}，在第二个方程两边同时右乘 a^{-1}，得

$$x=a^{-1}b,\quad y=ba^{-1}$$

是上面两个方程的解，再由逆元的唯一性知解是唯一的. ▌

命题 1.1.11　在群 G 中左右消去律都成立，即对任意 $a,x,y\in G$，由 $ax=ay$ 可得 $x=y$，由 $xa=ya$ 可得 $x=y$.

证明　在 $ax=ay$ 两边同时左乘 a^{-1} 得

$$a^{-1}(ax)=a^{-1}(ay),$$

再由乘法的结合律可推得 $x=y$.

同理可证右消去律. ▌

如果 G 是有限集合，则我们有另一个判断其能否成为群的方法.

定理 1.1.12　设 G 是一个带有二元运算的非空有限集合，如果 G 满足封闭性、结合律、消去律这三个条件，则称 G 为一个群.

证明　由定理 1.1.4，只需证明 G 中有单位元，以及每个元素都有逆元.

记 $G=\{a_1,a_2,\cdots,a_n\}$. 任取 $a\in G$ 并用 a 右乘 G 中所有的元素，所得结果记作

$$G'=\{a_1a,a_2a,\cdots,a_na\}.$$

由封闭性知 $G'\subseteq G$. 再由消去律知当 $i\neq j$ 时，$a_ia\neq a_ja$. 因此，G 和 G' 含有相同个数的元素，从而 $G'=G$.

因为 $a\in G$,所以存在某个 a_i 使得 $a_ia=a$. 再任取 $b\in G$ 并用 a 左乘 G 中所有的元素,则易知存在 a_k 使得 $aa_k=b$. 于是

$$a_ib=a_i(aa_k)=(a_ia)a_k=aa_k=b.$$

由 b 的任意性知 a_i 为 G 的左单位元,记此 a_i 为 e. 又因为 e 也是 G 中的元素,所以存在某个 $a_j\in G$,使得 $a_ja=e$. 记 $a_j=a^{-1}$,则 $a^{-1}a=e$.

取 a^{-1} 右乘 G 中每个元素并重复上述过程,可知存在 $a'\in G$ 使 $a'a^{-1}=e$. 因为 $(a'a^{-1})(aa^{-1})$ 有下面两种计算结果:

$$(a'a^{-1})(aa^{-1})=e(aa^{-1})=aa^{-1},$$

$$(a'a^{-1})(aa^{-1})=a'[(a^{-1}a)a^{-1}]=a'(ea^{-1})=a'a^{-1}=e,$$

所以 $aa^{-1}=e$.

下证 e 也是右单位元,这样 e 就是单位元,即可完成证明.

因为,一方面 $(aa^{-1})a=ea=a$,另一方面 $(aa^{-1})a=a(a^{-1}a)=ae$,所以 $ae=a$,这就证明了 e 是右单位元.▌

1.1.2 伽罗瓦简介

伽罗瓦(1811 年 10 月 25 日—1832 年 5 月 31 日)是数学史上最具传奇色彩的天才之一. 尽管他的一生仅有短短 20 年,却以革命性的思想彻底改变了代数学的进程,并开创了现代群论的研究. 他的故事充满悲剧色彩,却也闪耀着智慧与不屈的光芒.

伽罗瓦的学术道路充满坎坷. 1828 年,17 岁的他将关于方程论的研究提交给法国科学院,但论文被柯西遗失;1829 年,他再次投稿,傅里叶却突然去世,手稿再次下落不明;1830 年,泊松以"无法理解"为由拒绝了他的第三篇论文. 当时的数学权威无法理解伽罗瓦超前的思想. 他的方法完全不同于传统代数,而是通过研究方程的"对称性结构"(即"群")来判定方程是否可解. 这种抽象的理论远远超越了同时代学者的认知. 尽管在学术的道路上深受打击,但伽罗瓦坚信其发展的理论的正确性. 甚至他在决斗前夜还通宵写下其数学思想的概要,因为他相信最终会有人发现其理论的价值.

伽罗瓦的遗稿直到 1846 年才由刘维尔整理发表. 他的工作揭示了方程根的可解性与对称群的结构之间的深刻联系,即"伽罗瓦对应". 这一理论不仅解决了高次方程根式解的根本问题,更成为现代代数学、密码学甚至粒子物理的基石.

习题 1.1

1. 设 $G=\{A=(a_{ij})_{n\times n} \mid a_{ij}\in \mathbf{Z}, |A|=1\}$，证明：$G$ 对普通的矩阵乘法构成群.

2. 设 $Q_8=\{\pm E, \pm I, \pm J, \pm K\}$，其中（i 为虚数单位）

$$E=\begin{pmatrix}1 & 0\\ 0 & 1\end{pmatrix},\quad I=\begin{pmatrix}\mathrm{i} & 0\\ 0 & -\mathrm{i}\end{pmatrix},\quad J=\begin{pmatrix}0 & 1\\ -1 & 0\end{pmatrix},\quad K=\begin{pmatrix}0 & \mathrm{i}\\ \mathrm{i} & 0\end{pmatrix},$$

证明：Q_8 关于矩阵乘法构成群（此群称为 Hamilton 四元数群）.

3. 令 $O_n(\mathbf{R})=\{A=(a_{ij})_{n\times n} \mid a_{ij}\in \mathbf{R}, AA^{\mathrm{T}}=E\}$，其中 $\mathbf{R}$ 代表实数域，证明：$O_n(\mathbf{R})$关于普通的矩阵乘法构成一个群（此群称为实正交群）.

4. 证明：如果群 G 的每个元素 x 都满足方程 $x^2=e$，则 G 是交换群.

5. 设 $a_1, a_2, \cdots, a_n$ 是群 G 中的元素，求 $a_1a_2\cdots a_n$ 的逆元.

6. 利用所学知识构造一个只含有两个元素的群.

7. 设 G 是一个群，而 x 是 G 中任意一个固定的元素，证明：G 对新运算

$$a\circ b=axb$$

也构成一个群.

8. 由本节例 1.1.7 知数域 F 上全体可逆方阵关于普通矩阵的乘法可以构成一个群，下面的习题表明一些非可逆方阵的集合关于普通矩阵的乘法也可以构成一个群. 试证明：

$$G=\left\{\begin{pmatrix}a & a\\ a & a\end{pmatrix} \middle| a\neq 0, a\in F\right\}$$

关于普通矩阵的乘法构成一个群.

9. 设 G 为数域 F 上某些 n 阶方阵关于普通矩阵的乘法构成的群，证明：G 中方阵或者全是可逆的，或者全是不可逆的.

习题 1.1 参考答案

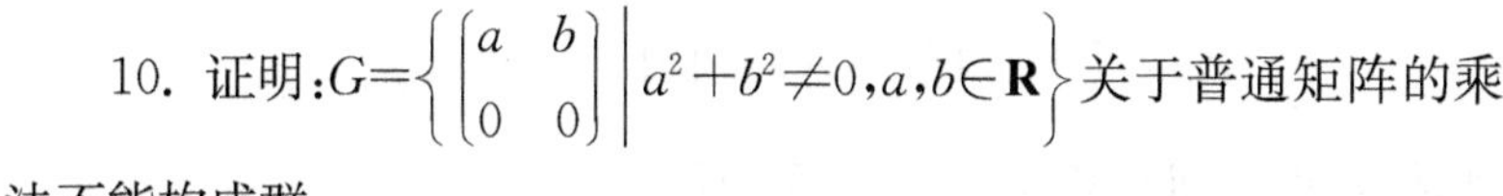

10. 证明：$G=\left\{\begin{pmatrix}a & b\\ 0 & 0\end{pmatrix} \middle| a^2+b^2\neq 0, a,b\in \mathbf{R}\right\}$关于普通矩阵的乘法不能构成群.

1.2　两个重要的例子

实例是理论的“实验室”，许多抽象定理的提出和证明都依赖于具体实例的启发. 本节我们将介绍群论中最常见的两类群.

1.2.1 剩余类加群

定义 1.2.1 设 S 是一个非空集合. S 上的一个关系～称为 S 上的等价关系，如果它满足：

(1) 自反性：对任意 $a\in S$，$a\sim a$；

(2) 对称性：对任意 $a,b\in S$，由 $a\sim b$ 可推出 $b\sim a$；

(3) 传递性：对任意 $a,b,c\in S$，由 $a\sim b$，$b\sim c$ 可推出 $a\sim c$.

等价关系是广泛存在的，如实数的相等关系、矩阵的合同与相似都是等价关系. 将 S 上所有等价的元素构成的集合称为一个等价类. 如所有合同的 n 阶方阵构成一个等价类. 易知，S 可写成所有等价类的无交并.

定义 1.2.2 给定任意正整数 n，定义 $\mathbf{Z}$ 上元素 a 和 b 的关系～如下：

$$a\sim b \quad \text{当且仅当} \quad n\mid a-b.$$

易证这个关系是一个等价关系，称为 a 和 b 模 n 同余，并记作 $a\equiv b(\bmod n)$.

对任意整数 j，由带余除法知一定存在整数 a 和非负整数 $b(0\leqslant b\leqslant n-1)$，使得 $j=an+b$，从而 $n\mid j-b$. 这就说明整数 j 一定与 $0,1,\cdots,n-1$ 这 n 个整数中的某一个等价. 同时，$0,1,\cdots,n-1$ 这 n 个整数中任意两个都不等价. 因此，$0,1,\cdots,n-1$ 这 n 个整数将 $\mathbf{Z}$ 分为 n 个等价类.

将与 a 等价的所有整数构成的等价类记为 $[a]$，其中 a 称为这个等价类的代表元，则 $\mathbf{Z}=[0]\cup[1]\cup\cdots\cup[n-1]$，其中

$$\begin{gathered}
[0]=\{\cdots,-2n,-n,0,n,2n,\cdots\},\\
[1]=\{\cdots,-2n+1,-n+1,1,n+1,2n+1,\cdots\},\\
\vdots\\
[n-1]=\{\cdots,-n-1,-1,n-1,2n-1,3n-1,\cdots\}.
\end{gathered}$$

记

$$\mathbf{Z}_n=\{[0],[1],\cdots,[n-1]\},$$

定义 $\mathbf{Z}_n$ 上的加法运算如下：对任意 $[a],[b]\in\mathbf{Z}_n$，有

$$[a]+[b]=[a+b].$$

首先，我们说明这个定义是合理的，即定义与等价类的代表元的选取无关. 如果 $[a_1]=[a]$，$[b_1]=[b]$，则 $n\mid a_1-a$，$n\mid b_1-b$，于是

$$n\mid(a_1-a)+(b_1-b)=(a_1+b_1)-(a+b),$$

因此$[a_1+b_1]=[a+b]$,从而加法与代表元的选取无关.

其次,易验证如下等式:

(1) $[a]+[b]=[a+b]\in \mathbf{Z}_n$;

(2) $([a]+[b])+[c]=[a]+([b]+[c])=[a+b+c]$;

(3) $[0]+[a]=[a]=[a]+[0]$;

(4) $[a]+[-a]=[a-a]=[0]$.

从而 $\mathbf{Z}_n$ 关于上述定义的加法构成一个群,记为$(\mathbf{Z}_n,+)$,且单位元是$[0]$,元素$[a]$的逆元是$[-a]$. 此群称为模 n 的剩余类加群.

$\mathbf{Z}_n$ 中元素有一个有趣的性质,即任何元素$[a]$都是 a 个$[1]$的和. 这种性质具有一般性,我们将在循环群一节讨论它.

如果在 $\mathbf{Z}_n$ 中定义乘法$[a]\cdot[b]=[ab]$,有时简记为$[a][b]=[ab]$,我们也可以验证此定义是合理的. 显然以上定义的乘法满足结合律,有单位元$[1]$,但不是每个元素都是可逆的. 比如,元素$[0]$就没有逆元. 因此,$\mathbf{Z}_n$ 关于上述定义的乘法构成幺半群.

例 1.2.3　对于以上定义的乘法,$\mathbf{Z}_6$ 中没有逆元的元素是$[0]$,$[2]$,$[3]$和$[4]$,元素$[1]$和$[5]$的逆元是它们自己.

下面的定理表明 $\mathbf{Z}_n$ 中可逆元可以构成一个群.

定理 1.2.4　$\mathbf{Z}_n^*=\{[a]\mid [a]\in \mathbf{Z}_n,(a,n)=1\}$关于上述定义的乘法构成一个群.

证明　我们首先证明 $\mathbf{Z}_n^*$ 刚好包含了 $\mathbf{Z}_n$ 中所有可逆元. 设$[a]$是 $\mathbf{Z}_n$ 中可逆元,则存在$[b]\in \mathbf{Z}_n$,使得$[a][b]=[ab]=[1]$. 于是 $n\mid ab-1$,从而存在整数 p 使

$$ab-1=pn,$$

移项可得 $ab+pn=1$,这就证明了 a 与 n 是互素的,从而$[a]\in \mathbf{Z}_n^*$.

反之,我们证明 $\mathbf{Z}_n^*$ 中每个元素都是可逆的. 任取$[a]\in \mathbf{Z}_n^*$. 由$(a,n)=1$ 知存在整数 p,q 使 $pa+qn=1$,可得 $pa\equiv 1(\mathrm{mod}\, n)$,即$[p][a]=[1]$,于是$[a]$是可逆元. 这样我们就可以说明 $\mathbf{Z}_n^*$ 刚好包含了 $\mathbf{Z}_n$ 中的所有可逆元.

下面再证 $\mathbf{Z}_n$ 中定义的乘法在 $\mathbf{Z}_n^*$ 上是封闭的. 任取$[a]$,$[b]\in \mathbf{Z}_n^*$,由

$$(a,n)=1,\quad (b,n)=1$$

可得$(ab,n)=1$,所以$[a][b]=[ab]\in \mathbf{Z}_n^*$.

最后,结合律显然成立,单位元是$[1]$.

因此,$\mathbf{Z}_n^*$ 关于上面定义的乘法构成一个群.▌

群 $\mathbf{Z}_n^*$ 称为整数模 n 的剩余类乘法群. $\mathbf{Z}_n^*$ 的阶记为 $\varphi(n)$，称为 Euler 函数，即 $\varphi(n)$ 表示小于 n 且与 n 互素的正整数的个数. 显然，当 $n=p$ 是素数时，$\varphi(p)=p-1$. 关于 Euler 函数的性质和群 $\mathbf{Z}_n^*$ 在 RSA 加密算法中的应用将在第 4 章给出.

例 1.2.5 在 $\mathbf{Z}_8$ 中求解方程 $[2]x=[1]$ 和 $[3]x=[1]$.

解 由定理 1.2.4 知，$[2]$ 不是 $\mathbf{Z}_8$ 中可逆元，所以第一个方程无解.

下面解第二个方程. 设 $x=[a]$，$0\leqslant a\leqslant 7$，则

$$[3][a]=[3a]=[1],$$

从而 $8\mid 3a-1$，即存在 $b\in\mathbf{Z}$，使 $3a-1=8b$，解之得 $a=3$，即 $x=[3]$. ▌

例 1.2.6 在 $\mathbf{Z}_n$ 中求 $[a][b]$ 和 $[a]+[b]$，并将结果表示成 $[0],[1],\cdots,[n-1]$ 中元素的形式.

解 按定义 $[a][b]=[ab]$，$[a]+[b]=[a+b]$.

一般 ab 或 $a+b$ 不在 0 到 $n-1$ 之中，故不满足要求. 用带余除法将 ab 或 $a+b$ 写成 $ab=nq_1+r_1$ 或 $a+b=nq_2+r_2$ 的形式，其中 $0\leqslant r_i\leqslant n-1(i=1,2)$，则

$$[ab]=[nq_1+r_1]=[r_1],\quad [a+b]=[nq_2+r_2]=[r_2].$$

因此，$[a][b]$ 和 $[a]+[b]$ 的结果是 ab 和 $a+b$ 取模 n 的余数. ▌

1.2.2 对称群

定义 1.2.7 设 S 是一个非空集合，S 上的一个双射称为 S 的一个变换. 在 S 的全体变换 $T(S)$ 上定义乘法为两个映射的合成，则易证 $T(S)$ 构成一个群，其中单位元为恒等映射 id_S，映射 f 的逆元为它的逆变换 f^{-1}. 我们称此群为集合 S 上的变换群.

定义 1.2.8 如果 S 是含有 n 个元素的有限集，则称 $T(S)$ 为 n 次对称群，并用 S_n 表示，其中元素称为置换.

由于 S 的全体元素的任一排列决定了 S 的一个变换且 S 的任一变换决定了一个全排列，因此 S_n 的阶为 $n!$.

设 φ 是 S_n 中任一元素，且 φ 将 S_n 中元素 a_i 映射为 a_{k_i}，即

$$\varphi(a_i)=a_{k_i},\quad i=1,2,\cdots,n.$$

因为我们并不知道元素的具体形式，所以我们不妨用元素的下标来指代这个元素. 因此，变换 φ 的作用完全可以用 $1\mapsto k_1, 2\mapsto k_2, \cdots, n\mapsto k_n$ 来决定. 我们表示 S_n 中元素的第一种方法就是把 φ 写成

$$\begin{pmatrix} 1 & 2 & \cdots & n \\ k_1 & k_2 & \cdots & k_n \end{pmatrix}.$$

定义 1.2.9　S_n 中一个把 a_{i_1} 变到 a_{i_2}，a_{i_2} 变到 a_{i_3}，…，a_{i_k} 变到 a_{i_1}，而保持其余元素(如果还有的话)不变的置换，叫作 k-循环置换. 这样的置换用符号

$$(i_1, i_2, \cdots, i_k)$$

表示. 如果 $k=2$，则称 (i_1, i_2) 为一个对换. 恒等映射用(1)表示.

因为在 $(i_1, i_2, \cdots, i_k)$ 中起点的位置可以是任意的，因此

$$(i_1, i_2, \cdots, i_k)=(i_2, i_3, \cdots, i_k, i_1)=\cdots=(i_k, i_1, \cdots, i_{k-1}).$$

S_n 中两个置换的乘积就是映射的合成，因此，如果 σ，τ 是 S_n 中元素，则 $\sigma\tau$ 作用在元素 i 上的结果是 τ 先作用，σ 后作用. 如在 S_n 中取 $\sigma=(132)$，$\tau=(23)$，则

$$\sigma\tau=(13).$$

例 1.2.10　计算 S_3 的乘法表，并确定 S_3 是不是交换群.

解　S_3 有 6 个元素，它们由 1，2，3 这 3 个数的排列决定，因此它们是

$$\begin{pmatrix} 1 & 2 & 3 \\ 1 & 2 & 3 \end{pmatrix},\quad \begin{pmatrix} 1 & 2 & 3 \\ 1 & 3 & 2 \end{pmatrix},\quad \begin{pmatrix} 1 & 2 & 3 \\ 2 & 1 & 3 \end{pmatrix},$$
$$\begin{pmatrix} 1 & 2 & 3 \\ 2 & 3 & 1 \end{pmatrix},\quad \begin{pmatrix} 1 & 2 & 3 \\ 3 & 1 & 2 \end{pmatrix},\quad \begin{pmatrix} 1 & 2 & 3 \\ 3 & 2 & 1 \end{pmatrix}.$$

如用循环置换表示这些元素，则它们相应为

$$(1),\quad (23),\quad (12),\quad (123),\quad (132),\quad (13).$$

将以上元素两两相乘得到如下的乘法表：

	(1)	(23)	(12)	(13)	(132)	(123)
(1)	(1)	(23)	(12)	(13)	(132)	(123)
(23)	(23)	(1)	(132)	(123)	(12)	(13)
(12)	(12)	(123)	(1)	(132)	(13)	(23)
(13)	(13)	(132)	(123)	(1)	(23)	(12)
(132)	(132)	(13)	(23)	(12)	(123)	(1)
(123)	(123)	(12)	(13)	(23)	(1)	(132)

易见 $(23)(12)\neq(12)(23)$，所以 S_3 不是交换群.

1.2.3　群的普遍存在性

群不仅存在于数学中，也存在于我们的现实生活中. 只要善于观察，我们处处

都能发现群的身影.

在体育课中,老师的四种口令即立定、向左转、向右转、向后转可以构成一个群. 很容易发现,我们连续做上述的两个动作都等于另外一个动作. 于是我们可以定义乘法为“做动作”,且集合{立定,向左转,向右转,向后转}在此运算下封闭,其中,单位元是立定,向左转、向右转、向后转的逆元分别是向右转、向左转、向后转.

其实,上述例子是平面上旋转变换的一个特例. 如设 a 表示逆时针旋转 $2\pi/n$,则 $a,a^2,\cdots,a^{n-1},a^n$ 可以构成一个群,其中 a^i 表示连续旋转 i 次. 易知 a^n 是单位元. 取 $n=4$ 就是上述的例子.

另外我们注意到,钟表上时间所遵循的运算与我们通常的整数加法稍微有点差别. 比如,现在时针指向 9 点,那么 3 小时后就是 12 点,4 小时后就是 1 点,5 小时后就是 2 点,而 15 小时后、16 小时后和 17 小时后依然是 12 点、1 点和 2 点. 通过观察不难发现,钟表上时间所遵循的运算是模 12 取余数,而此种运算就是我们本节所讨论的模 n 的剩余类加群中的运算.

习题 1.2

1. 计算 $\mathbf{Z}_4$ 的加法表.
2. 证明:$\mathbf{Z}_p$ 中非零元关于文中定义的乘法构成一个群,其中 p 是素数.
3. 在 $\mathbf{Z}_{12}$ 中求解方程$[2]x=[5]$和$[2]x=[6]$.
4. 写出 $\mathbf{Z}_{12}^*$ 中元素及其乘法表.
5. 在 $\mathbf{Z}_6$ 中计算 $n[2]$,其中 n 为正整数.
6. 将$\begin{pmatrix}1 & 2 & 3 & 4\\ 2 & 1 & 4 & 3\end{pmatrix}$和$\begin{pmatrix}1 & 2 & 3 & 4 & 5 & 6\\ 3 & 6 & 4 & 5 & 1 & 2\end{pmatrix}$写成循环置换的乘积.
7. 在对称群 S_n 中证明以下结论:

(1) 若$(i_1,i_2,\cdots,i_m)$和$(j_1,j_2,\cdots,j_k)$无相同元素,则它们相乘可交换;

(2) $(i_1,i_2,\cdots,i_m)^m=(1)$;

(3) k-循环置换$(i_1,i_2,\cdots,i_k)$的逆为$(i_k,i_{k-1},\cdots,i_1)$.

8. 设 $\alpha=(1,2,3,4)$,计算 $\alpha^2,\alpha^3,\alpha^4$.

习题 1.2 参考答案

1.3 子群

研究一个代数系统的有效方法之一就是研究其子系统. 在群论研究中,我们往往要根据子群的各种特征来对群进行分类. 应该指出的是,根据子群研究群也是研究群的基本方法之一.

1.3.1　子群和元素的阶

定义 1.3.1　设 S 是群 G 的一个非空子集. 若 S 对 G 的运算也构成群, 则称 S 是 G 的一个子群, 并记作 $S\leqslant G$. 当 $S\leqslant G$ 且 $S\neq G$ 时, 则称 S 是 G 的真子群, 并记作 $S<G$.

对任一个群 G 来说, 它至少有两个子群——G 和只包含单位元 e 的子集 $\{e\}$. 这两个子群是任何群都有的, 我们称它们为平凡子群. 下面我们列举一些非平凡子群的例子.

例 1.3.2　在 $(\mathbf{Z},+)$ 中, 子集 $2\mathbf{Z}=\{2n\mid n\in\mathbf{Z}\}$ 是所有偶数的集合, 关于加法也构成一个群, 所以 $2\mathbf{Z}\leqslant\mathbf{Z}$.

例 1.3.3　在一般线性群 $GL_n(F)$ 中, 特殊线性群 $SL_n(F)$ 是其子群.

例 1.3.4　$(1),(23),(12),(123),(132),(13)$ 是 S_3 中的 6 个元素, 易证

$$H=\{(1),(12)\}$$

是 S_3 的一个子群, 这是因为 $(12)^2=(1)$.

下面我们来考察一个子集 S 构成一个子群的条件是什么.

定理 1.3.5　设 S 是 G 的一个非空子集, 则以下三个命题等价:

(1) S 是 G 的子群;

(2) 对任意 $a,b\in S$, 有 $ab\in S$ 和 $a^{-1}\in S$;

(3) 对任意 $a,b\in S$, 有 $ab^{-1}\in S$.

证明　(1) ⇒ (2)　由子群定义易得.

(2) ⇒ (3)　对任意 $a,b\in S$, 由 (2) 得 $b^{-1}\in S$, 进一步再由 (2) 得 $ab^{-1}\in S$.

(3) ⇒ (1)　对任意 $a,b\in S$, 由 $aa^{-1}=e$ 知单位元 e 在 S 中, 再由 $e\cdot a^{-1}=a^{-1}$ 说明 a 的逆元在 S 中; 然后, 由 $b^{-1}\in S$ 知 $ab=a\,(b^{-1})^{-1}\in S$, 即 S 对乘法运算封闭; 最后, 结合律显然成立. 因此, $S\leqslant G$. ▌

设 H_1,H_2 是群 G 的两个非空子集, 定义

$$H_1H_2=\{h_1h_2\mid h_1\in H_1,h_2\in H_2\}.$$

如果 H_1 或 H_2 只含一个元素, 则定义

$$aH_2=\{ah_2\mid h_2\in H_2\},\quad H_1b=\{h_1b\mid h_1\in H_1\}.$$

命题 1.3.6　设 $H,H_1,H_2\leqslant G$, 则

(1) H 的单位元就是 G 的单位元;

(2) $H_1\cap H_2\leqslant G$;

(3) $H_1 \cup H_2 \leqslant G$ 的充分必要条件是 $H_1 \subseteq H_2$ 或 $H_2 \subseteq H_1$;

(4) $H_1 H_2 \leqslant G$ 的充分必要条件是 $H_1 H_2 = H_2 H_1$.

证明 我们只证(4),其余留作练习.

必要性. 因为 $H_1 H_2$ 是子群,所以对任意 $ab \in H_1 H_2$ 有 $(ab)^{-1} \in H_1 H_2$. 因而可将 $(ab)^{-1}$ 表示为 $a_1 b_1$,其中 $a_1 \in H_1, b_1 \in H_2$. 由此可得

$$ab = (a_1 b_1)^{-1} = b_1^{-1} a_1^{-1} \in H_2 H_1,$$

所以 $H_1 H_2 \subseteq H_2 H_1$. 类似可证 $H_2 H_1 \subseteq H_1 H_2$.

充分性. 对任意 $a_1 b_1, a_2 b_2 \in H_1 H_2$,有

$$(a_1 b_1)(a_2 b_2)^{-1} = a_1 b_1 b_2^{-1} a_2^{-1}.$$

因为 $H_1 H_2 = H_2 H_1$,所以存在 $b_3 \in H_2, a_3 \in H_1$,使 $b_1 b_2^{-1} a_2^{-1} = a_3 b_3$,从而

$$(a_1 b_1)(a_2 b_2)^{-1} = a_1 a_3 b_3.$$

又因为 $a_1 a_3 \in H_1$,所以 $(a_1 b_1)(a_2 b_2)^{-1} \in H_1 H_2$. 由定理 1.3.5 知 $H_1 H_2 \leqslant G$. ▌

定义 1.3.7 设 G 是群, $a \in G$, 使得 $a^n = e$ 成立的最小正整数 n 称为 a 的阶, 记作 $o(a)$. 如果没有这样的正整数存在,则称 a 的阶是无限的.

群中元素的阶有如下性质.

命题 1.3.8 设 a 是群 G 的元素且 $o(a) = n$. 若 m 是一个整数,则 $a^m = e$ 的充分必要条件是 n 整除 m.

证明 必要性. 如果 n 不能整除 m,则存在 q, r 满足 $m = nq + r, 0 < r < n$. 于是

$$e = a^m = a^{nq+r} = a^r,$$

与 n 是 a 的阶矛盾.

充分性. 设 $m = nq$,则 $a^m = a^{nq} = (a^n)^q = e$. ▌

易知一个有限群中任意元素的阶都是有限的,但无限群中不一定存在无限阶的元素. 如复数域上的所有单位根构成的乘法群是无限阶的,但其中每个元素的阶都是有限的.

1.3.2 生成子群

下面的命题告诉我们一个 n 阶的元素决定一个 n 阶的子群.

命题 1.3.9 设 a 是群 G 的元素且 $o(a) = n$,则集合 $H = \{e, a, a^2, \cdots, a^{n-1}\}$ 是群 G 的子群.

证明 任取 $x = a^i, y = a^j, 1 \leqslant i, j \leqslant n$,则 $y^{-1} = a^{n-j} \in H$. 又由带余除法可设

$$i+j=nq+r_{ij},\quad 其中\ 0\leqslant r_{ij}<n,$$

故 $xy=a^{i+j}=a^{r_{ij}}\in H$. 由定理 1.3.5 知 H 是 G 的子群. ▌

以上命题中的子群 H 称为由 a 生成的子群，记作 $H=\langle a\rangle$. 我们称由一个元素生成的群为循环群.

例 1.3.10　设 $G=S_3$，$a=(12)$，则 $\langle a\rangle=\{(1),(12)\}$ 是由 a 生成的子群. 如果取 $a=(123)$，则 $(123)^2=(132)$，$(123)^3=(1)$，从而 $\langle a\rangle=\{(1),(123),(132)\}$ 是由 a 生成的子群.

下面我们讨论由多个元素生成的子群的情形.

命题 1.3.11　设 S 是群 G 的一个非空子集，则 S 中所有元素及这些元素的逆元的所有可能的乘积构成的集合 H 是 G 的包含 S 的最小子群.

证明　由 H 的描述，H 可表示为

$$H=\{a_1^{k_1}a_2^{k_2}\cdots a_s^{k_s}\mid a_i\in S,k_i\in\mathbf{Z},s=1,2,\cdots\}.$$

任取 H 中两个元素，它们的乘积均具有 H 中元素的形式. H 中任一元素的逆元也具有 H 中元素的形式. 因此，由定理 1.3.5(2)知 H 是 G 的子群.

设 K 是一个包含 S 的子群. 任取 $x=a_1^{k_1}a_2^{k_2}\cdots a_s^{k_s}\in H$. 因为 $a_i\in S\subseteq K$ 且 K 是子群，由封闭性知 $x\in K$，所以 $H\leqslant K$，从而 H 是 G 的包含 S 的最小子群. ▌

以上命题中的子群 H 称为由 S 生成的子群，记作 $\langle S\rangle$. 当然，同样的子群可由不同的子集生成. 此时，元素个数最少的生成元集称为最小生成元集.

例 1.3.12　设 $K_4=\{e,a,b,c\}$，其乘法由下表给出：

	e	a	b	c
e	e	a	b	c
a	a	e	c	b
b	b	c	e	a
c	c	b	a	e

不难证明 K_4 关于以上乘法可以构成一个群(此群称为 Klein 四元群)，其中 e 是单位元，且

$$a^{-1}=a,\quad b^{-1}=b,\quad c^{-1}=c.$$

这个群的极小生成元集为 $\{a,b\}$.

1.3.3　非结合运算介绍

我们之前学过的运算(包括群的运算)都满足结合律. 但还有许多代数运算不

满足结合律.如在 $M_n(F)$ 中任取 A,B,定义新运算 $A\cdot B=AB-BA$,其中等式右端是矩阵的普通乘法和减法.易证它是 $M_n(F)$ 上的运算,但不满足结合律.而实际上,该运算是 Lie 代数上的运算.

不满足结合律的运算还有很多,如余代数上的运算和 Rota-Baxter 代数上的运算.感兴趣的同学可以查阅相关专业书籍.

我们的世界是充满多样性的,只要我们善于思考,就会发现不一样的精彩.

习题 1.3

1. 计算 S_3 的所有循环子群.

2. 计算剩余类加群 $\mathbf{Z}_{12}$ 的所有循环子群.

3. 计算 S_3 的最小生成元集.

4. 证明命题 1.3.6 中的(1),(2)和(3).

5. 设 H 是群 G 的一个非空子集,并且 H 的每一个元的阶都有限,证明:H 是子群当且仅当 H 是乘法封闭的.

6. 证明:对群 G 中任意元 a,b,都有

(1) $o(a)=o(a^{-1})$;

(2) $o(a)=o(b^{-1}ab)$;

(3) $o(ab)=o(ba)$.

7. 设 G 是偶数阶群,证明:G 中存在 2 阶元.

8. 设 G 是群,对任意 $a,b\in G$ 有 $(ab)^2=a^2b^2$,证明:G 是交换群.

9. 设 G 是非交换群,证明:G 中存在非单位元的元素 a 和 b 且 $a\neq b$ 使

$$ab=ba.$$

10. 证明:交换群中所有的有限阶元构成一个子群.试问此结论对非交换群是否成立?

11. 设 G 是一个群且 $|G|>1$,证明:若 G 中除单位元 e 外其余元素的阶都相同,则这个相同的阶不是无限就是一个素数.

12. 设群 G 中元素 a 的阶为 n,证明:

$$a^s=a^t \Leftrightarrow n\mid s-t$$

13. 设群 G 中元素 a 的阶是 mn 且 $(m,n)=1$,证明:G 中存在元素 b,c 使

习题 1.3 参考答案

$$a=bc=cb,\quad o(b)=m,\quad o(c)=n,$$

并且这样的元素 b,c 是唯一的.

14. 设 G 是一个阶数大于 2 的群，且 G 的每个元素都满足方程 $x^2=e$，证明：G 必含有 4 阶子群.

1.4　陪集

在本节，我们将利用群 G 的子群 H 来构造 G 的一个分类，然后由这个分类推出著名的 Lagrange 定理.

1.4.1　Lagrange 定理

定义 1.4.1　设 H 是群 G 的子群，$a\in G$，称集合 $Ha=\{ha|h\in H\}$ 是 G 的一个右陪集，称集合 $aH=\{ah|h\in H\}$ 是 G 的一个左陪集，其中元素 a 称为该右(左)陪集的代表元.

例 1.4.2　设 $S_3=\{(1),(12),(13),(23),(123),(132)\}$，$H=\{(1),(12)\}$ 是 S_3 的 2 阶子群，则

$$H(1)=\{(1),(12)\},\quad H(13)=\{(13),(132)\},\quad H(23)=\{(23),(123)\}$$

是 H 的所有右陪集.

定理 1.4.3　设 H 是群 G 的子群，则对任意 $a,b\in G$：

(1) $Ha=Hb$ 的充分必要条件是 $ab^{-1}\in H$；

(2) Ha 和 Hb 含有相同个数的元素；

(3) 若 $Ha\neq Hb$，则 $Ha\cap Hb=\varnothing$.

证明　(1) 如果 $Ha=Hb$，则 $a=ea\in Hb$，故存在 $h\in H$，使得 $a=hb$，则

$$h=ab^{-1}\in H.$$

反之，若 $ab^{-1}\in H$，则存在 $h\in H$，使 $h=ab^{-1}$，从而

$$ha=ha(b^{-1}b)=(hab^{-1})b\in Hb,$$

于是 $Ha\subseteq Hb$. 类似可证 $Hb\subseteq Ha$. 于是可得 $Ha=Hb$.

(2) 构造映射 $f:Ha\to Hb$，$f(ha)=hb$. 易知这是一个双射，因此 Ha，Hb 具有相同个数的元素.

(3) 假设存在 $h_1,h_2\in H$，使 $h_1a=h_2b\in Ha\cap Hb$，则 $ab^{-1}=h_1^{-1}h_2\in H$. 由(1)知 $Ha=Hb$，与条件矛盾，所以 $Ha\cap Hb=\varnothing$. ▌

对左陪集有与定理 1.4.3 类似的结论，这里不再赘述.

命题 1.4.4 一个子群 H 的左陪集的个数和右陪集的个数相同，它们或者都是无限大，或者都是有限并且相等.

证明 将 H 的所有右陪集构成的集合记作 S_r，将 H 的所有左陪集构成的集合记作 S_l. 定义

$$f: S_r \to S_l, \quad f(Ha)=a^{-1}H,$$

下面验证 f 是一个双射，从而得到结论.

(1) 若 $Ha=Hb$，则 $ab^{-1}\in H$，从而 $(ab^{-1})^{-1}=ba^{-1}\in H$，因此 $a^{-1}H=b^{-1}H$，所以右陪集 Ha 的像与 a 的选择无关，这说明了 f 的定义是合理的.

(2) S_l 中的任意元素 aH 是 S_r 中元素 Ha^{-1}的像，所以 f 是一个满射.

(3) 若 $Ha\neq Hb$，则 $ab^{-1}\notin H$，从而 $(ab^{-1})^{-1}=ba^{-1}\notin H$，因此 $a^{-1}H\neq b^{-1}H$，所以 f 是一个单射. ▌

因为子群 H 的左陪集的个数和右陪集的个数相同，所以我们给它们一个统一的名称.

定义 1.4.5 一个群 G 的子群 H 的右陪集(或左陪集)的个数叫作 H 在 G 中的指数，记作 $[G:H]$.

设 H 是群 G 的子群，在 G 上定义关系 $\sim$ 如下：

$$a\sim b \Leftrightarrow Ha=Hb.$$

此关系满足如下性质：

(1) $a\sim a$，对任意 $a\in G$.

(2) 若 $a\sim b$，则 $Ha=Hb$，从而 $ab^{-1}\in H$. 因为 H 是子群，所以

$$(ab^{-1})^{-1}=ba^{-1}\in H,$$

因此 $Ha=Hb$，这样 $b\sim a$.

(3) 若 $a\sim b, b\sim c$，则 $Ha=Hb, Hb=Hc$，从而 $Ha=Hc$，这样 $a\sim c$.

这就证明了 $\sim$ 是 G 上的等价关系. 与 a 等价的元素都在陪集 Ha 中，因此 Ha 是一个等价类. 因为任意 $a\in G, a\in Ha$，所以 G 中任一元素必在某一等价类中. 另外，定理 1.4.3 表明这些陪集要么完全相同，要么不相交. 因此，此等价关系可以把 G 划分成互不相交的等价类的并集. 由此，我们就得到了著名的 Lagrange 定理.

定理 1.4.6(Lagrange 定理) 设 H 是有限群 G 的子群，则

$$|G|=|H|\cdot[G:H].$$

证明 设 $[G:H]=n$. 因为 G 和 H 的阶都有限，则 G 可以分解成 n 个 H 的右

陪集的无交并，即

$$G=Ha_1\cup\cdots\cup Ha_n.$$

另外，由命题 1.4.4 知，任意 Ha_i 所含元素个数等同于 H 所含元素个数，所以

$$|G|=|H|\cdot[G:H].$$ ▌

推论 1.4.7　设 G 是有限群，则 G 中任一元素的阶都整除 G 的阶.

证明　设 a 是 G 中的任一元素且阶为 n，则由 a 生成的子群 $\langle a\rangle$ 的阶为 n. 由定理 1.4.6 即知 n 整除 G 的阶. ▌

1.4.2　Euler 定理

利用本节知识，我们可以证明数论中的 Euler 定理.

定理 1.4.8(Euler 定理)　设 n 为大于 1 的整数，a 为非零自然数且 $(a,n)=1$，则

$$a^{\varphi(n)}\equiv 1(\bmod n).$$

证明　由于 $|\mathbf{Z}_n^*|=\varphi(n)$，且 $[a]\in\mathbf{Z}_n^*$，故由推论 1.4.7 知

$$[a]^{\varphi(n)}=[a^{\varphi(n)}]=[1],$$

于是 $n\mid a^{\varphi(n)}-1$，即 $a^{\varphi(n)}\equiv 1(\bmod n)$. ▌

推论 1.4.9(Fermat 小定理)　设 p 是素数，a 是非零自然数，则

$$a^p\equiv a(\bmod p).$$

证明　当 a 与 p 互素时，由 Euler 定理有 $a^{\varphi(p)}\equiv 1(\bmod p)$. 但 $\varphi(p)=p-1$，于是 $a^{p-1}\equiv 1(\bmod p)$，两边同乘 a 即得结论.

当 a 是 p 的倍数时，结论显然成立. ▌

1.4.3　代数学基本思想介绍

通过等价关系将对象分类并研究其代表元的方法，是代数学的核心思想之一. 在本节和第 1.2 节我们都运用了等价关系把研究对象分类进行研究，其实我们在高等代数中已经见识过这种研究方法的优势，如矩阵的合同和相似. 本教材后面将要介绍的商群、群同构、环同构等也都是基于这种思想.

等价关系的核心作用是将大量(甚至无限)的对象划分为有限的类，每个类中元素的性质通过代表元即可完全体现. 其优势在于可以避免重复性论证，利用代表元的典型性覆盖所有情况.

必须指出的是，这种思维方式不仅限于代数学，更是渗透到拓扑学(如同伦等

价）、几何学（如微分结构的分类）、理论物理（如规范场的规范等价）等领域，成为现代科学探索复杂性的基石. 各位读者，请在学习其他学科时也花一点时间总结一下它的核心思想吧！

习题 1.4

1. 设 A 和 B 均为群 G 的子群，证明：

(1) $g(A\cap B)=gA\cap gB$，对任意 $g\in G$；

(2) 若 A 和 B 均有有限指数，则 $A\cap B$ 也有有限指数.

2. 如果 R 是群 G 对于子群 A 的右陪集代表元集，证明：$R^{-1}=\{a^{-1}\mid a\in \mathbf{R}\}$ 是群 G 对于子群 A 的左陪集代表元集.

3. 证明：阶是素数的群一定是循环群.

4. 证明：阶是 p 的方幂的群（p 是素数）一定包含一个阶是 p 的子群.

5. 设 $a,b\in G$ 且 $ab=ba$，如果 a,b 的阶分别是 m 和 n 且 $(m,n)=1$，证明：ab 的阶是 mn.

6. 证明：在同构意义下一共只存在两个阶是 4 的群，且它们都是交换群.

7. 设 H 是由 (123) 生成的 S_3 的子群，试确定 H 的所有左陪集和右陪集.

8. 设 H,K 是 G 的有限子群，且它们的阶互素，证明：

$$H\cap K=\{e\}.$$

9. 计算 $3^{201}\bmod 11$.

10. 若 n 是两个素数 p 和 q 的乘积，证明：

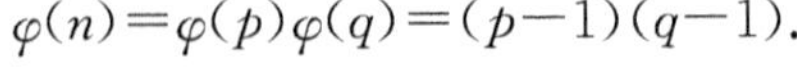

$$\varphi(n)=\varphi(p)\varphi(q)=(p-1)(q-1).$$

习题 1.4 参考答案

1.5 正规子群

正规子群是研究群结构的重要工具，利用正规子群可以构造一个新的群——商群. 由于商群具有更简单的结构，因此我们可以通过商群反过来研究原来的群.

1.5.1 正规子群

在第 1.4 节我们学习了子群陪集的概念. 一般来说，群 G 的子群 H 的左陪集和右陪集不一定相等. 如在 S_3 中，$H=\{(1),(12)\}$ 的所有左陪集为

$$(1)H=\{(1),(12)\},\quad (13)H=\{(13),(123)\},\quad (23)H=\{(23),(132)\}.$$

比较例 1.4.2 中的结果可知

$$H(13)\neq(13)H,\quad H(23)\neq(23)H.$$

本节我们来研究一类特殊的子群，它们能使得左右陪集总相等.

定义 1.5.1　设 H 是群 G 的子群，如果对 G 中任意元素 a 都有 $Ha=aH$，则称 H 是群 G 的正规子群，记为 $H\lhd G$.

任一个群 G 至少有两个正规子群，即 $\{e\}$ 和 G 自身. 这两个正规子群称为 G 的平凡正规子群.

定义 1.5.2　若群 G 除了平凡正规子群外再无其他正规子群，则 G 称为单群.

类似于素数是整数的基本组成部分一样，有限单群可视为有限群的基本组成部分. 在 2008 年完成的有限单群的分类是数学史上一个重要的里程碑.

例 1.5.3　设 G 为素数阶群，则由 Lagrange 定理知 G 是单群.

例 1.5.4　设 $G=S_3$，则 $N=\{(1),(123),(132)\}$ 是一个正规子群. 这是因为 N 是由(123)生成的循环群，且

$$(1)N=N(1)=\{(1),(123),(132)\},\quad (12)N=N(12)=\{(12),(23),(13)\}$$

是 N 的所有左(右)陪集.

例 1.5.5　设 G 为群，称 $Z(G)=\{g\in G\mid ga=ag,对任意\ a\in G\}$ 是 G 的中心. 证明：$Z(G)$ 是 G 的正规子群.

证明　因为 $Z(G)$ 中元素与 G 中任一元素相乘可交换，所以显然有

$$gZ(G)=Z(G)g,\quad 对任意\ g\in G.$$

因此，我们只需证明 $Z(G)$ 是一个子群即可.

首先，单位元 $e\in Z(G)$，所以 $Z(G)$ 非空. 其次，对任意 $a\in G,n_1,n_2\in Z(G)$，有

$$n_1n_2a=n_1an_2=an_1n_2,$$

所以 $Z(G)$ 关于乘法封闭. 最后，如果 $a\in G,n\in Z(G)$，则

$$n^{-1}a=n^{-1}ann^{-1}=n^{-1}nan^{-1}=an^{-1},$$

所以 n 的逆元 n^{-1} 也在 $Z(G)$ 中. 这样就证明了 $Z(G)$ 是一个子群. ▍

例 1.5.6　设 H 是群 G 的子群，称 $N(H)=\{g\in G\mid gH=Hg\}$ 是 H 在 G 中的正规化子. 证明：H 是 $N(H)$ 的正规子群.

证明　只需证明 $N(H)$ 是 G 的子群即可.

任取 $a,b\in N(H)$，则

$$(ab)H=a(bH)=a(Hb)=(aH)b=(Ha)b=H(ab),$$

所以 $ab\in N(H)$. 又因为对任意 $g_1\in H$,都存在 $g_2\in H$,使 $ag_1=g_2a$,故

$$a^{-1}g_2^{-1}=g_1^{-1}a^{-1},$$

由 g_1 的任意性知 $a^{-1}H=Ha^{-1}$,所以 $a^{-1}\in N(H)$. 因此,$N(H)$是 G 的子群.▌

若 $K\leqslant G$ 包含 H 作为正规子群,则对任意 $k\in K$ 有 $kH=Hk$,故 $k\in N(H)$,从而 $K\subseteq N(H)$,即 $N(H)$是 G 的包含 H 作为正规子群的一个"最大"子群.

除了利用定义来判断一个子群是否为正规子群,还有下面更方便的判别定理.

定理 1.5.7 设 H 是群G 的一个子群,则 H 是群G 的正规子群当且仅当对任意 $g\in G,h\in H$,均有 $ghg^{-1}\in H$.

证明 因为 $ghg^{-1}\in H$,所以存在 $h'\in H$,使得 $ghg^{-1}=h'$. 因此 $gh=h'g$,于是 $gH\subseteq Hg$. 类似可得 $Hg\subseteq gH$. 于是 $Hg=gH$,从而 H 是 G 的正规子群.

反之,若 H 是 G 的正规子群,则 $Hg=gH$,故对任意 $g\in G,h\in H$,存在 $h'\in H$,使 $gh=h'g$,从而 $ghg^{-1}=h'\in H$.▌

利用上面的定理很容易证明如下结论.

例 1.5.8 群 G 的任意两个正规子群的交仍然是正规子群.

证明 设 $H_1\lhd G,H_2\lhd G,H=H_1\cap H_2$,则 H 显然是 G 的子群. 任取 $g\in G$,$h\in H$,则 $ghg^{-1}\in H_1,ghg^{-1}\in H_2$,所以 $ghg^{-1}\in H$,从而 H 是G 的正规子群.▌

下面我们再讨论两类正规子群.

命题 1.5.9 设 N 是 G 的子群且$[G:N]=2$,则 N 是正规子群.

证明 任取 $a\notin N$,则 $G=N\cup Na$. 另一方面,有 $G=N\cup aN$. 因此 $aN=Na$,从而 N 是正规子群.▌

例 1.5.10 二面体群 D_n 是由平面上所有保持正 n 边形不变的旋转 a 和反射 b 生成的群,易知

$$D_n=\{e,a,a^2,\cdots,a^{n-1},b,ba,ba^2,\cdots,ba^{n-1}\}$$

的阶为 $2n$,a 和 b 满足关系 $bab=a^{n-1}$. 因为由 a 生成的子群的阶为 n,其在 D_n 中的指数为 2,故$\langle a\rangle$是 D_n 的正规子群.

定义 1.5.11 设 G 是一个群,$a,b\in G$. 记$[a,b]=a^{-1}b^{-1}ab$,称$[a,b]$是 a 和 b 的换位子元. G 中所有换位子元生成的子群称为 G 的换位子子群或 G 的导群,记为$[G,G]$或 G'.

命题 1.5.12 换位子子群$[G,G]$是 G 的正规子群.

证明 由生成子群的定义,有

$$[G,G]=\{[a_1,b_1]^{\alpha_1}\cdots[a_n,b_n]^{\alpha_n}\mid a_i,b_i\in G,n\in\mathbf{N},\alpha_i=\pm1\}.$$

又因为$[a,b]^{-1}=[b,a]$，故

$$[G,G]=\{[a_1,b_1]\cdots[a_n,b_n]\mid a_i,b_i\in G,n\in\mathbf{N}\}.$$

另一方面，$g[a,b]g^{-1}=[gag^{-1},gbg^{-1}]$，于是对任意 $g\in G$，有

$$\begin{aligned}&g[a_1,b_1]\cdots[a_n,b_n]g^{-1}\\=&g[a_1,b_1]g^{-1}\cdot g[a_2,b_2]g^{-1}\cdot\cdots\cdot g[a_n,b_n]g^{-1}\\=&[ga_1g^{-1},gb_1g^{-1}][ga_2g^{-1},gb_2g^{-1}]\cdots[ga_ng^{-1},gb_ng^{-1}]\\\in&[G,G],\end{aligned}$$

因此，$[G,G]$是 G 的正规子群. ▌

1.5.2　商群

正规子群的重要性之一在于可以构造新的群.

设 H 是 G 的正规子群，把 H 的所有陪集作成一个集合

$$\bar{G}=\{xH,yH,zH,\cdots\}.$$

在 $\bar{G}$ 上定义乘法运算：

$$(xH)(yH)=(xy)H.$$

要证明这是 $\bar{G}$ 上的一个乘法运算，只需要证明两个陪集 xH 和 yH 的乘积与代表元 x 和 y 的选择无关.

设 $xH=x'H,yH=y'H$，则存在 $h_1,h_2\in H$，使 $x=x'h_1,y=y'h_2$，于是

$$xy=x'h_1y'h_2.$$

又由于 H 是正规子群，$h_1y'\in Hy'=y'H$，所以存在 $h_3\in H$，使得

$$h_1y'=y'h_3,\quad 故\quad xy=x'y'(h_3h_2).$$

因此 $xy\in x'y'H$，于是 $xyH\subseteq x'y'H$. 类似可证 $x'y'H\subseteq xyH$. 于是 $xyH=x'y'H$. 这就证明了所定义的乘法与代表元的选取无关.

定理 1.5.13　一个正规子群 H 的所有陪集对上面规定的乘法构成一个群.

证明　我们证明定理 1.1.4 的四个条件都能满足.

(1) 封闭性显然；

(2) $(xHyH)zH=(xy)HzH=(xyz)H$，且

$$xH(yHzH)=xH(yz)H=(xyz)H;$$

(3) $eHxH=(ex)H=xH=xHeH$;

(4) $x^{-1}HxH=(x^{-1}x)H=eH=xHx^{-1}H$.

因此 $\overline{G}$ 构成一个群，单位元是 $eH=H$，元素 xH 的逆元是 $x^{-1}H$. ▌

定义 1.5.14 一个群 G 的正规子群 H 的陪集构成的群叫作 G 关于 H 的商群，记为 $\overline{G}=G/H$.

因为 H 在 G 中的指数就是 H 的陪集的个数，于是商群 G/H 的阶就等于 H 在 G 中的指数. 当 G 是有限群时，有

$$|G/H|=\frac{|G|}{|H|}=[G:H].$$

例 1.5.15 设 $\mathbf{Z}$ 是整数加群，n 是一个固定的正整数，则 $n\mathbf{Z}=\{0,\pm n,\pm 2n,\cdots\}$ 是 $\mathbf{Z}$ 的子群. 由于 $\mathbf{Z}$ 是交换群，$n\mathbf{Z}$ 是正规子群，$\mathbf{Z}$ 关于 $n\mathbf{Z}$ 的商群 $\mathbf{Z}/n\mathbf{Z}$ 记为

$$\mathbf{Z}_n=\{i+n\mathbf{Z}\mid i=0,1,2,\cdots,n-1\}=\{[0],[1],[2],\cdots,[n-1]\}.$$

易证 $\mathbf{Z}_n$ 中加法适合 $[i]+[j]=[s]$，其中 $i+j\equiv s(\bmod n)$. 因此，$\mathbf{Z}_n$ 就是 1.2 节中定义的模 n 的剩余类加群.

正规子群的重要性不仅体现在能通过它构造新群（商群）与利用它来判断可解性等，而且体现在它在有限群表示论中的重要地位. 设 G 为一个有限群，N 为其正规子群，$\pi:G\to G/N$ 为自然同态（见 1.6 节），则 G/N 的不可约表示可以通过 π 提升为 G 的不可约表示，从而为解决有限群的核心问题（确定群的所有不可约表示）提供支撑. 有关群的表示理论参见文献[5].

习题 1.5

1. 设 G 是群，$N\leqslant M\leqslant G$.

(1) 如果 $N\lhd G$，证明：$N\lhd M$.

(2) 如果 $N\lhd M$，$M\lhd G$，则 N 是否一定是 G 的正规子群？

2. 设 $N\lhd G$，且 N 的阶是 2，证明：G 的中心包含 N.

3. 设 H 是 G 的子群，N 是 G 的正规子群，证明：HN 是 G 的子群.

4. 设 $M,N\lhd G$，如果 $M\cap N=\{e\}$，证明：对任意 $a\in M$，$b\in N$，有 $ab=ba$.

5. 证明：如果一个交换群是单群，则它必是素数阶循环群.

6. 证明：如果 $G/Z(G)$ 是循环群，则 G 是 Abel 群.

7. 设 $N\lhd G$，g 是群 G 的任意一个元，证明：若 g 的阶和 $|G/N|$ 互素，则 $g\in N$.

习题 1.5 参考答案

1.6　群同态

在群论中，我们借助群同态来研究两个群之间的关系，这正如在线性代数中我们借助线性映射来研究线性空间的关系一样.

1.6.1　群同态定义

定义 1.6.1　设 G_1，G_2 都是群，$f:G_1\rightarrow G_2$ 是一个映射. 如果对任意 $a,b\in G_1$，都有 $f(ab)=f(a)f(b)$，则称 f 是群 G_1 到 G_2 的同态.

如果群同态 $f:G_1\rightarrow G_2$ 是单射，则称 f 是单同态；如果 f 是满射，则称 f 是满同态；如果 f 是双射，则称 f 是同构，并称群 G_1 与 G_2 同构，记为 $G_1\cong G_2$. 群 G 到自身的同态称为自同态，到自身的同构称为自同构. 群 G 的所有自同构关于映射的合成构成一个群，称为 G 的自同构群，记作 $\mathrm{Aut}(G)$.

例 1.6.2　设 $f:G_1\rightarrow G_2$ 是由 $f(a)=e$ 给出的映射，其中 a 是 G_1 的任意元素，e 是 G_2 的单位元，则

$$f(ab)=e=f(a)f(b)$$

表明 f 是一个群同态. 这个同态称为平凡同态.

例 1.6.3　设 $f:G\rightarrow G$ 是由 $f(a)=a$ 给出的映射，其中 a 是 G 的任意元素，则

$$f(ab)=ab=f(a)f(b)$$

表明 f 是一个群同态. 这个同态称为恒等自同构，记为 id_G.

例 1.6.4　设 a 是群 G 中某一固定元素，定义映射 $\varphi_a:G\rightarrow G$，$\varphi_a(g)=aga^{-1}$，则

$$\varphi_a(gh)=agha^{-1}=aga^{-1}aha^{-1}=\varphi_a(g)\varphi_a(h)$$

表明 φ_a 是一个群同态. 另外，易验证 φ_a 是一个双射. 因此 φ_a 是一个自同构，并称其为由元素 a 决定的 G 的内自同构.

下面我们讨论群同态的性质.

命题 1.6.5　设 $f:G_1\rightarrow G_2$ 为群同态.

(1) $f(e_1)$ 是 G_2 的单位元，其中 e_1 是 G_1 的单位元；

(2) $f(g^{-1})=f(g)^{-1}$，对任意 $g\in G_1$；

(3) G_1 在 f 下的像 $\mathrm{Im}f=\{f(g)\mid g\in G_1\}$ 是 G_2 的子群；

(4) 设 e_2 是 G_2 的单位元，则 $\mathrm{Ker}f=\{g\in G_1\mid f(g)=e_2\}$ 是 G_1 的正规子群，并称其为同态 f 的核.

证明 (1) 设 e_2 是 G_2 的单位元,则对任意 $g\in G_1$,有

$$f(g)e_2=f(g)=f(ge_1)=f(g)f(e_1),$$

两边消去 $f(g)$ 得 $f(e_1)=e_2$.

(2) 因为 $e_2=f(e_1)=f(gg^{-1})=f(g)f(g^{-1})$,所以 $f(g^{-1})=f(g)^{-1}$.

(3) 任取 $a,b\in \mathrm{Im}f$,则存在 $g,h\in G_1$,使 $f(g)=a,f(h)=b$. 因为

$$ab^{-1}=f(g)f(h)^{-1}=f(g)f(h^{-1})=f(gh^{-1})\in \mathrm{Im}f,$$

所以 $\mathrm{Im}f$ 是 G_2 的子群.

(4) 任取 $g,h\in \mathrm{Ker}f$,则

$$f(g)=f(h)=e_2,\quad f(gh^{-1})=f(g)f(h)^{-1}=e_2.$$

因此 $gh^{-1}\in \mathrm{Ker}f$,故 $\mathrm{Ker}f$ 是 G_1 的子群. 另一方面,对任意 $a\in G_1$,有

$$f(aga^{-1})=f(a)f(g)f(a)^{-1}=f(a)e_2f(a)^{-1}=e_2,$$

因此 $aga^{-1}\in \mathrm{Ker}f$. 故 $\mathrm{Ker}f$ 是 G_1 的正规子群. ▌

例 1.6.6 设 G 是非零实数乘法群,f 是 G 到 G 的映射 $f(x)=x^2$,证明 f 是群同态并求出 $\mathrm{Im}f$ 和 $\mathrm{Ker}f$.

解 对任意 $x,y\in G$, $f(xy)=(xy)^2=x^2y^2=f(x)f(y)$,所以 f 是群同态.

显然, $\mathrm{Ker}f=\{\pm1\}$, $\mathrm{Im}f$ 为全体正实数. ▌

因为群的同构关系是等价关系,所以我们可以将所有群按照同构关系分成等价类的无交并. 而同构的群具有类似的性质,因此在一个等价类中,我们只要找出一个代表元即可掌握这个等价类中所有群的性质. 这就是群分类工作的基本思想,即找出所有互不同构的群.

1.6.2 同态基本定理

命题 1.6.7 设 H 是群 G 的正规子群,则映射 $\varphi:G\to G/H,\varphi(a)=aH$ 是群同态,称之为群自然同态.

证明 因为

$$\varphi(ab)=(ab)H=(aH)(bH)=\varphi(a)\varphi(b),$$

所以 φ 是一个群同态. ▌

定理 1.6.8(同态基本定理) 设 $f:G_1\to G_2$ 是一个群满同态,则映射

$$\overline{f}:G_1/\mathrm{Ker}f\to G_2,\ \overline{f}(a\mathrm{Ker}f)=f(a)\quad(\text{对任意 } a\in G_1)$$

是一个群同构.

证明　令 $H=\mathrm{Ker}f$. 由命题 1.6.5(4) 知 H 是 G_1 的正规子群.

下面我们首先验证 $\overline{f}$ 定义的合理性. 若 $aH=bH$,则 $ab^{-1}\in H$,从而

$$f(ab^{-1})=f(a)f(b)^{-1}=e_2,$$

于是 $f(a)=f(b)$,从而 $\overline{f}(aH)=\overline{f}(bH)$. 这就证明了定义的合理性.

其次证明 $\overline{f}$ 是一个群同构. 因为

$$\overline{f}[(aH)(bH)]=\overline{f}[(ab)H]=f(ab)=f(a)f(b)=\overline{f}(aH)\overline{f}(bH),$$

所以 $\overline{f}$ 是一个群同态. 如果 $\overline{f}(aH)=\overline{f}(bH)$,则 $f(a)=f(b)$,从而

$$f(ab^{-1})=f(a)f(b)^{-1}=e_2,$$

故 $ab^{-1}\in H$. 这就证明了 $aH=bH$,所以 $\overline{f}$ 是单同态.

最后,由 f 是满射可得 $\overline{f}$ 也是满的,从而 $\overline{f}$ 是同构. ▌

定理中的映射 $\overline{f}$ 一般称为由 f 诱导的同构.

以下的推论可视为定理 1.6.8 的更一般形式,其证明过程是显然的.

推论 1.6.9　设 $f:G_1\to G_2$ 是一个群同态,则 $G_1/\mathrm{Ker}f\cong \mathrm{Im}f$.

通过直接验证可得下面有趣的群同态分解定理.

推论 1.6.10　任一群同态 $f:G_1\to G_2$ 可分解为

$$f=j\circ\overline{f}\circ\eta,$$

其中,η 为 $G_1\to G_1/\mathrm{Ker}f$ 的自然同态;$\overline{f}$ 为 f 诱导的 $G_1/\mathrm{Ker}f\to \mathrm{Im}f$ 的同构;j 为 $\mathrm{Im}f\to G_2$ 的包含映射,包含映射的含义是

$$j(g)=g,\quad 对任意\ g\in \mathrm{Im}f.$$

定理 1.6.11(对应定理)　设 $f:G_1\to G_2$ 为群满同态.

(1) 若 H 是 G_1 的(正规)子群,则 $f(H)$ 是 G_2 的(正规)子群;

(2) 若 K 是 G_2 的(正规)子群,则 $f^{-1}(K)=\{x\in G_1\mid f(x)\in K\}$ 是 G_1 的(正规)子群且 $f^{-1}(K)\supseteq \mathrm{Ker}f$.

证明　(1) 设 $a,b\in f(H)$,则存在 $x,y\in H$,使 $f(x)=a,f(y)=b$,于是

$$ab^{-1}=f(x)f(y)^{-1}=f(xy^{-1}).$$

因为 H 是子群,所以 $xy^{-1}\in H$,则 $ab^{-1}\in f(H)$. 这就证明了 $f(H)$ 是 G_2 的子群.

下面设 H 是 G_1 的正规子群. 对任意 $c\in G_2$,存在 $g\in G_1$,使得 $f(g)=c$,于是

$$cac^{-1}=f(g)f(x)f(g)^{-1}=f(gxg^{-1}).$$

因为 H 是 G_1 的正规子群,所以 $gxg^{-1}\in H$,于是 $cac^{-1}\in f(H)$,从而 $f(H)$ 是 G_2 的正规子群.

(2) 任取 $x,y\in f^{-1}(K)$,则存在 $a,b\in K$,使 $f(x)=a,f(y)=b$,于是

$$f(xy^{-1})=f(x)f(y^{-1})=f(x)f(y)^{-1}=ab^{-1}.$$

因为 K 是子群,所以 $ab^{-1}\in K$. 因此 $xy^{-1}\in f^{-1}(K)$,故 $f^{-1}(K)$ 是 G_1 的子群. 另一方面,因为 G_2 的单位元 e_2 在 K 中,所以 $f^{-1}(K)\supseteq \mathrm{Ker}f$.

下面设 K 是 G_2 的正规子群. 任取 $g\in G_1$,则

$$f(gxg^{-1})=f(g)f(x)f(g)^{-1}.$$

因为 K 是 G_2 的正规子群,所以 $f(g)f(x)f(g)^{-1}\in K$,于是 $gxg^{-1}\in f^{-1}(K)$,从而 $f^{-1}(K)$ 是 G_1 的正规子群.▌

例 1.6.12(第二同构定理) 设 H 是群 G 的正规子群,K 是 G 的子群,则 $K\cap H$ 是 K 的正规子群,且有

$$KH/H\cong K/H\cap K.$$

证明 因为 H 是正规子群,则 KH 是 G 的子群(见习题 1.5 第 3 题). 显然 H 是 KH 的正规子群. 作 K 到 KH/H 的映射:

$$f:K\rightarrow KH/H,\ f(x)=xH.$$

因为 $f(xy)=xyH=(xH)(yH)$,所以 f 是群同态,有

$$\mathrm{Ker}f=\{x\in K\mid xH=H\}=\{x\in K\mid x\in H\}=K\cap H.$$

另外,f 显然是满的. 故由同态基本定理可得 $KH/H\cong K/H\cap K$.▌

习题 1.6

1. 设 $f:G_1\rightarrow G_2$ 为群同态,证明:f 为单射当且仅当同态核仅含单位元.

2. 在群的同态映射下,一个元素与其像的阶是否一定相等? 在同构映射下又如何呢?

3. 设 A^{T} 表示矩阵 A 的转置,问 $\varphi(A)=A^{\mathrm{T}}$ 和 $\sigma(A)=(A^{-1})^{\mathrm{T}}$ 中哪一个是一般线性群 $GL_n(F)(n>1)$ 的自同构?

4. 设 O_n 是 $n\times n$ 实正交矩阵全体,$G=\{1,-1\}$ 是两个元素构成的乘法群,证明映射 $\varphi(A)=|A|$ 是 O_n 到 G 的群同态,并求 $\mathrm{Ker}\varphi$.

5. 设 G 是非零复数乘法群，H 为形如

$$\begin{pmatrix} a & b \\ -b & a \end{pmatrix}$$

的矩阵全体，其中 a,b 是不同时为零的实数. 证明：H 在矩阵乘法下构成一个群且与 G 同构.

6. 设 G 是 Abel 群，证明：$f(a)=a^k$ 是 G 的自同构的充分必要条件是

$$(k,|G|)=1.$$

7. 已知 $G=GL_n(F)$ 是数域 F 上的一般线性群，设

$$H=SL_n(F),\quad G'=(F^*,\cdot),$$

其中 F^* 是 F 中所有非零元集合，用同态基本定理证明：

$$G/H\cong G'.$$

8. 设 $\mathbf{R}$ 是所有实数关于加法构成的群，$\mathbf{R}^+=\{x\in\mathbf{R}\mid x>0\}$ 是正实数按实数的乘法构成的群，试构造映射证明乘法群 $\mathbf{R}^+$ 和加法群 $\mathbf{R}$ 同构.

习题 1.6 参考答案

1.7　循环群

前面我们已经见过多类具体的群，本节我们将学习一类最简单的抽象群——循环群. 我们已经碰到的整数加群和模 n 的剩余类加群都是循环群，而这一节的主要内容之一就是证明在同构意义下循环群只有这两类. 由此可见，循环群是被完全分类了的一类群.

1.7.1　循环群的分类

引理 1.7.1　设 $G=\langle a\rangle$ 是由 a 生成的循环群.

(1) 如果 a 的阶无限，则 $G=\{\cdots,a^{-2},a^{-1},e,a,a^2,\cdots\}$；

(2) 如果 a 的阶有限，则 $G=\{e,a,a^2,\cdots,a^{n-1}\}$，其中 n 是 a 的阶.

证明　由生成子群的定义，G 是由 a 及其逆元 a^{-1} 的所有可能的乘积构成的集合. 如果 a 的阶为无限，则不可能出现正整数 m 使得 $a^m=a^{-1}$，否则 $a^{m+1}=e$，与 a 的阶无限矛盾. 因此，此时 a^{-1} 独立地出现在 G 中，这样 G 中元素都是 a 和 a^{-1} 的方幂. 如果 a 的阶 n 为有限数，则 $a^{n-1}=a^{-1}$，从而 a^{-1} 以 a 的方幂的形式出现在 G 中，

于是 G 中元素只能是 a 的方幂. 这样我们就证明了引理. ▌

引理 1.7.2 设 $G=\langle a\rangle$ 是由 a 生成的循环群. 如果 G 的阶无限，则 G 同构于整数加群 $\mathbf{Z}$；如果 G 的阶是有限整数 n，则 G 同构于模 n 的剩余类加群 $\mathbf{Z}_n$.

证明 当 G 的阶是无限时，定义映射 $f:\mathbf{Z}\to G, f(k)=a^k$，则

$$f(k+m)=a^{k+m}=a^k\cdot a^m=f(k)f(m),$$

所以 f 是群同态. 显然 f 是满射. 另外，若 $f(k)=a^k=e$，则由 a 的阶无限可知 k 只能为 0，所以 f 是单射. 因此，f 是群同构.

当 G 的阶是有限整数 n 时，定义映射 $f:\mathbf{Z}\to G, f(k)=a^k$. 类似于上面的证明可知 f 是群同态并且为满射. 下面求 f 的核 $\mathrm{Ker}f$. 若 $m=nk$，则 $a^m=a^{nk}=e$，所以 $m\in\mathrm{Ker}f$. 反之，若 $a^m=e$，则 n 整除 m，即存在某个整数 k，使 $m=nk$. 因此

$$\mathrm{Ker}f=\{nk\mid k\text{ 为整数}\}=n\mathbf{Z}.$$

最后，由群同态基本定理可得 $G\cong\mathbf{Z}/n\mathbf{Z}=\mathbf{Z}_n$. ▌

由同构的传递性得如下推论.

推论 1.7.3 任意两个循环群同构的充分必要条件是它们有相同的阶数.

定理 1.7.4 循环群的子群也是循环群，无限循环群的非平凡子群也是无限循环群.

证明 设 $G=\langle a\rangle$ 是由 a 生成的循环群，H 是 G 的子群. 如果 H 只含单位元 e，则 $H=\{e\}$ 是循环群. 如果 H 不只包含单位元，则 H 一定包含形如 a^m 的元素，其中 m 是正整数. 令 i 是最小的使得 a^i 属于 H 的正整数，下证 $H=\langle a^i\rangle$.

任取 H 中元素 a^t，则 $t=iq+r$，其中 $0\leqslant r<i$，于是 $a^t=a^{iq}\cdot a^r$. 由于 H 是子群，所以 a^{iq} 和 a^{-iq} 都是 H 中元素，从而 $a^r=a^{-iq+t}\in H$. 由 i 的极小性可知 $r=0$，于是 $a^t=(a^i)^q$. 这样即得 $H=\langle a^i\rangle$.

下设 G 是一个无限循环群，H 是 G 的一个非平凡子群. 如果 H 是 G 的有限子群，不妨设 H 的阶是 n. 由上面的证明知存在正整数 i 使 $H=\langle a^i\rangle$，于是

$$(a^i)^n=a^{in}=e.$$

这与 a 的阶无限矛盾，所以 H 只能是无限群. ▌

1.7.2 循环群的自同构群

在第 1.6 节我们接触到了群同态(群同构、自同构)等概念. 一般来说，计算两个群之间的群同态不是一件简单的事. 下面我们仅就循环群讨论它们的自同构.

下面的引理是显而易见的.

引理 1.7.5　设 S,T 为两有限集且 $|S|=|T|$，$f:S\to T$ 为映射.

(1) 若 f 为单射，则 f 为双射；

(2) 若 f 为满射，则 f 为双射.

引理 1.7.6　设 $G=\mathbf{Z}_n$，对任意正整数 m，$(m,n)=1$，定义

$$\sigma:\mathbf{Z}_n\to\mathbf{Z}_n,\quad \sigma([k])=[mk],$$

则 σ 为 $\mathbf{Z}_n$ 的自同构.

证明　因为

$$\begin{aligned}\sigma[k_1+k_2]&=[m(k_1+k_2)]=[mk_1+mk_2]=[mk_1]+[mk_2]\\&=\sigma(k_1)+\sigma(k_2),\end{aligned}$$

所以 σ 为同态.

又因为 $(m,n)=1$，所以存在 $s,t\in\mathbf{Z}$，使 $ms+nt=1$，于是

$$[1]=[ms+nt]=[ms]=\sigma([s])=[1].$$

因此，对任意 $[k]\in\mathbf{Z}_n$，存在 $[ks]\in\mathbf{Z}_n$，使

$$\sigma([ks])=\sigma([s]+\cdots+[s])=[1]+\cdots+[1]=[k],$$

这就证明了 σ 为满射. 又因为 $\mathbf{Z}_n$ 有限，所以由引理 1.7.5 知 σ 为自同构. ▍

定理 1.7.7　设 G 是 n 阶循环群，则 $\mathrm{Aut}(G)\cong\mathbf{Z}_n^*$.

证明　不妨设 $G=\mathbf{Z}_n$. 定义

$$\varphi:\mathrm{Aut}(G)\to\mathbf{Z}_n^*,\quad \varphi(\sigma)=\sigma([1]).$$

设 $\sigma([1])=[m]$. 因为 σ 为同构，$[1]$ 是 $\mathbf{Z}_n$ 的生成元，所以 $[m]$ 是 $\mathbf{Z}_n$ 的生成元，从而 m 和 n 互素，于是 $[m]\in\mathbf{Z}_n^*$，所以定义是合理的.

下证 φ 是单射. 若 $\varphi(\sigma_1)=\varphi(\sigma_2)$，则 $\sigma_1([1])=\sigma_2([1])$. 任取 $k\in\mathbf{Z}_n$，则

$$\begin{aligned}\sigma_1([k])&=\sigma_1([1]+\cdots+[1])=\sigma_1([1])+\cdots+\sigma_1([1])\quad(k\text{ 个相加}),\\\sigma_2([k])&=\sigma_2([1]+\cdots+[1])=\sigma_2([1])+\cdots+\sigma_2([1])\quad(k\text{ 个相加}),\end{aligned}$$

于是 $\sigma_1([k])=\sigma_2([k])$，从而 $\sigma_1=\sigma_2$. 因此，φ 是单射.

再证 φ 是满射. 任取 $[m]\in\mathbf{Z}_n^*$，则 m 与 n 互素. 由引理 1.7.6 可知，存在 $\sigma\in\mathrm{Aut}(\mathbf{Z}_n)$ 满足 $\sigma([1])=[m]$，所以 φ 为满射.

最后，任取 $\sigma_1,\sigma_2\in\mathrm{Aut}(G)$，设 $\sigma_1([1])=[m_1]$，$\sigma_2([1])=[m_2]$，则

$$\begin{aligned}\varphi(\sigma_1\sigma_2)&=(\sigma_1\sigma_2)([1])=\sigma_1(\sigma_2([1]))=\sigma_1([m_2])=m_2\sigma_1([1])\\&=m_2[m_1]=[m_2m_1]=\sigma_1([1])\sigma_2([1])\\&=\varphi(\sigma_1)\varphi(\sigma_2),\end{aligned}$$

所以 φ 为同态.

因此,φ 为同构.▌

例 1.7.8 试决定 $\mathrm{Aut}(\mathbf{Z}_6)$的结构.

解 由定理 1.7.7 知

$$\mathrm{Aut}(\mathbf{Z}_6)\cong\mathbf{Z}_6^*=\{[1],[5]\},$$

且乘法规则为$[1]\cdot[5]=[5],[5]\cdot[5]=[1]$. 于是 $\mathrm{Aut}(\mathbf{Z}_6)$中有两个元素,不妨设为 τ 和 φ,其中 τ 为恒等映射,φ 满足 $\varphi^2=\tau$. 令 $\varphi([1])=[k]$,$1\leqslant k\leqslant 5$,则

$$\begin{aligned}\varphi^2([1])&=\varphi([k])=\varphi([1]+\cdots+[1])=\varphi([1])+\varphi([1])+\cdots+\varphi([1])\\&=[k^2]=[1].\end{aligned}$$

于是 $6\mid k^2-1$,从而 $k=5$,即 $\varphi([1])=[5]$.

由于$[1]$是 $\mathbf{Z}_6$ 中生成元,这样就可以得到 φ 作用在 $\mathbf{Z}_6$ 的每一个元素上的像:

$$\varphi([2])=[4],\quad \varphi([3])=[3],\quad \varphi([4])=[2],\quad \varphi([5])=[1].$$

从而我们完全决定了 φ,也就决定了 $\mathrm{Aut}(\mathbf{Z}_6)$.▌

习题 1.7

1. 设$G=\langle a\rangle$是由 a 生成的 n 阶循环群,证明:a^r 也是G的生成元,其中$(r,n)=1$.

2. 设 G 是 n 阶循环群,证明:G 的生成元个数恰为 $\varphi(n)$.

3. 非平凡子群 M 又称为群 G 的极大子群,如果有子群 H 满足 $M<H\leqslant G$,则必有 $H=G$. 试确定无限循环群的全部极大子群.

4. 设群 G 中的元素 a 的阶是 n,证明:a^r 的阶是$\dfrac{n}{d}$,其中 $d=(r,n)$是 r 和 n 的最大公因子.

5. 假定 G 是循环群,并且 G 与 $\overline{G}$ 之间有满同态,证明:$\overline{G}$ 也是循环群且 $\overline{G}$ 的生成元就是 G 的生成元的同态像.

6. 设 G_1 是无限循环群,G_2 是任一循环群,证明:G_1 与 G_2 之间有满同态.

7. 设 $\mathbf{Z}$ 是整数加群,试确定 $\mathrm{Aut}(\mathbf{Z})$.

8. 设 $G_1=(\mathbf{Z},+)$,$G_2=\langle a\rangle$是 6 阶循环群. 定义

$$\varphi: G_1\to G_2,\quad \varphi(n)=a^n\quad(\text{对任意 } n\in\mathbf{Z}),$$

则 φ 是 G_1 到 G_2 的满同态.

(1) 找出 G_1 的所有子群,使其在 φ 下的像为$\langle a^2\rangle$;

(2) 找出 G_1 的所有子群,使其在 φ 下的像为$\langle a^3\rangle$.

习题 1.7 参考答案

1.8　置换群

在第 1.2 节我们介绍了变换群和对称群的概念，并将对称群中的元素称为置换. 本节我们将进一步研究它们的性质，并证明一个重要的结论：可以将对群的研究归结为对变换群和置换群的研究.

1.8.1　Cayley 定理

定义 1.8.1　对称群 S_n 中任一子群称为置换群.

对称群 S_3 的子群 $H_1=\{(1),(12)\}$，$H_2=\{(1),(123),(132)\}$都是置换群.

为了方便起见，我们将变换群的子群也称为变换群.

定理 1.8.2(Cayley 定理)　任一群 G 都同构于某个集合 S 上的变换群.

证明　取集合 S 就为 G. 任取 $g\in G$，定义映射

$$\tau_g: S\rightarrow S,\ \tau_g(x)=gx\quad (\text{对任意 } x\in S).$$

若 $\tau_g(x)=\tau_g(y)$，则 $gx=gy$. 由群的消去律得 $x=y$，因此 τ_g 是单射. 另一方面，对任意 $x\in S$，存在 $g^{-1}x\in S$，使得 $\tau_g(g^{-1}x)=x$，因此 τ_g 是满射. 这样，我们就得到 S 上的一个双射 τ_g，并称其为由 g 决定的 G 的左平移.

设 $H=\{\tau_g\mid g\in G\}$，则 H 是 S 上所有双射构成的变换群 $T(S)$的子集. 不难验证 H 是一个子群. 定义映射

$$\varphi: G\rightarrow H,\ \varphi(g)=\tau_g,$$

则

$$\varphi(g_1g_2)=\tau_{g_1g_2}=\tau_{g_1}\cdot\tau_{g_2}=\varphi(g_1)\varphi(g_2),$$

因此 φ 是一个群同态. 若 $\varphi(g_1)=\varphi(g_2)$，则对任意 $x\in S$，$g_1x=g_2x$，所以 $g_1=g_2$. 这表明 φ 是单射. 另一方面，φ 显然是满射，从而 φ 是群同构. ▌

由以上定理可得如下推论.

推论 1.8.3　任一有限群都同构于某一个置换群.

正如我们在本节开始时说明的，Cayley 定理可以使我们将对群的研究归结为对变换群或置换群的研究.

定理 1.8.4　任一个置换 σ 可表示为若干个不相交的循环置换的乘积，即

$$\sigma=r_1r_2\cdots r_k,\tag{1.8.1}$$

且不同循环置换的次序是可交换的. 若不计循环置换的次序，则分解式是唯一的.

我们首先通过下面的例子展示一下以上定理的具体含义.

设

$$\sigma=\begin{pmatrix}1&2&3&4&5&6&7\\2&7&4&6&5&3&1\end{pmatrix},$$

从元素 1 开始,逐个写出循环置换:

$$\sigma=(127)(346)(5),$$

其中 5 称为 σ 的不动点,可略去. 因此,σ 可表示为

$$\sigma=(127)(346),$$

即两个不相交循环置换之积. 因为这两个循环置换不相交,交换它们的次序不会影响它们在集合上的作用,所以次序可以交换.

定理 1.8.4 的证明:

先证分解式的存在性. 我们首先从$\{1,2,\cdots,n\}$中任选一个数作为 i_1,依次求出 $\sigma(i_1)=i_2,\sigma(i_2)=i_3,\cdots$,直到该序列中第一次出现重复. 这个第一次重复的数必然是 i_1,即存在 i_{m_1} 使 $\sigma(i_{m_1})=i_1$. 事实上,若第一次重复出现在$\sigma(i_{m_1})=i_k$,$1<k<m_1$,则因为同时有 $\sigma(i_{k-1})=i_k$ 且 $i_{k-1}\neq i_{m_1}$,与 σ 是双射矛盾. 于是得到一个 m_1 -循环置换 $r_1=(i_1i_2\cdots i_{m_1})$. 再取 $j_1\notin\{i_1,i_2,\cdots,i_{m_1}\}$,重复以上过程可得 $r_2=(j_1j_2\cdots j_{m_2})$. 由映射的定义知 r_2 和 r_1 无公共元素. 如此重复,直到每一个元素都出现在某一个循环置换中,因而得到所需分解式.

再证分解式的唯一性. 首先可将分解式中的 1 -置换去掉(它们对应 σ 的不动点,由 σ 唯一确定),从而分解式中的元素都是动点. 假如 σ 有两个分解式使某个 i 在不同的循环置换中,则存在 k 使$\sigma(k)$有两个不同的像,与 σ 是映射矛盾. ▌

式(1.8.1)称为 σ 的标准循环分解.

推论 1.8.5 设$\sigma=r_1r_2\cdots r_k$ 是σ 的标准循环分解式,则 σ 的阶是$r_1,r_2,\cdots,r_k$ 的阶$m_1,m_2,\cdots,m_k$ 的最小公倍数.

证明 设σ 的阶为n,由于 r_i 之间可交换,故 $\sigma^n=r_1^n\cdots r_k^n=1$,必有

$$r_i^n=1,\quad i=1,2,\cdots,k,$$

所以 $m_i|n$. 因而 n 是 $m_1,m_2,\cdots,m_k$ 的公倍数. 又由阶的定义知 n 一定是 $m_1,m_2,\cdots,m_k$ 最小公倍数. ▌

1.8.2 对称群的正规子群

下面我们重点研究对称群 $S_n(n\geqslant 2)$中的正规子群. 为此,我们需要进行以下

的准备工作.

命题 1.8.6 任意置换可分解为若干个对换之积,在这些所有可能的分解中所含对换个数的奇偶性不变.

证明 由定理 1.8.4 知只需对循环置换证明即可. 由

$$(i_1 \cdots i_k)=(i_1 i_k)(i_1 i_{k-1})\cdots(i_1 i_2)$$

知分解式是存在的. 为证明奇偶性不变,考虑 k-循环置换在 k 阶范德蒙德行列式

$$D=\prod_{1\leqslant t<s\leqslant k}(x_{i_s}-x_{i_t})=\begin{vmatrix} 1 & 1 & \cdots & 1 \\ x_{i_1} & x_{i_2} & \cdots & x_{i_k} \\ \vdots & \vdots & & \vdots \\ x_{i_1}^{k-1} & x_{i_2}^{k-1} & \cdots & x_{i_k}^{k-1} \end{vmatrix}$$

上的作用.

显然 D 在 k-循环置换作用下绝对值保持不变,符号则由循环确定. 而任一对换作用在 D 上必使它改变符号,因此上述分解中所含对换个数的奇偶性不变. ▌

定义 1.8.7 如果一个置换能表示成奇数个对换的乘积,称之为奇置换;否则,称之为偶置换.

显然奇置换与偶置换之积是奇置换,奇置换与奇置换之积是偶置换,偶置换与偶置换之积是偶置换. 又若 σ 是一个 k-循环置换,则 σ 是奇置换当且仅当 k 是偶数,σ 是偶置换当且仅当 k 是奇数.

命题 1.8.8 记 A_n 为 n 次对称群 S_n 中所有偶置换全体,则 A_n 是 S_n 的指数为 2 的正规子群,从而 $|A_n|=\frac{n!}{2}$.

证明 考虑 S_n 到二元乘法群 $C_2=\{1,-1\}$ 的映射

$$f: S_n \to C_2,\ f(a)=\begin{cases} 1, & \text{如果 } a \text{ 是偶置换}, \\ -1, & \text{如果 } a \text{ 是奇置换}. \end{cases}$$

由命题前的描述知 f 是一个群同态. 又对任意对换 $(i_1 i_2)\in S_n$,有

$$f((1))=1, \quad f((i_1 i_2))=-1,$$

故 f 是满同态. 另外,A_n 正好是 $\mathrm{Ker} f$,从而 A_n 是 S_n 的正规子群,且 $S_n/A_n \cong C_2$. 于是 A_n 在 S_n 中指数为 2,从而 $|A_n|=\frac{n!}{2}$. ▌

定义 1.8.9 A_n 称为 n 次交错群.

命题 1.8.10 全体 3-循环置换构成 A_n 的一个生成元集.

证明 设 $\sigma\neq(1)$ 是偶置换，则 σ 是偶数个对换之积，从而只需证明任意两个对换之积可用 3-循环置换表示即可. 考虑

$$\tau=(ij)(rs)\quad(i\neq j, r\neq s).$$

如果 $(ij)=(rs)$，可得 $\tau=(1)$；如果 $j=r, i\neq s$，可得 $\tau=(jsi)$；如果 i,j,r,s 两两不等，可得 $\tau=(sji)(ris)$. ▌

定理 1.8.11 当 $n\geqslant 5$ 时，A_n 是单群.

证明 设 K 是 A_n 的正规子群且 $K\neq\{(1)\}$，下面证明 $K=A_n$. 由命题 1.8.10 知只需证明任意 3-循环置换 (ijk) 都在 K 中即可. 事实上，我们只需证明 K 包含某个 3-循环置换即可，比如 (123). 这是因为当 $n\geqslant 5$ 时，我们总可以选择一个如下的偶置换（如果不是偶置换，则对换一下 l 与 m）

$$\gamma=\begin{pmatrix}1 & 2 & 3 & 4 & 5 & \cdots\\ i & j & k & l & m & \cdots\end{pmatrix},$$

使得 $(ijk)=\gamma^{-1}(123)\gamma$. 由 K 的正规性可知 $(ijk)\in K$. 因此，现在的关键是证明 K 含有一个 3-循环置换.

设 α 是 K 的一个元，$\alpha\neq(1)$ 且 α 在 K 中除了 (1) 外有最多的不动点（所谓不动点，是指元素 i 在 α 的作用下保持不动）. 下面证明 α 一定是一个 3-循环置换. 若不是，将 α 写成不相交的循环之积，则可能有以下两种形式：

$$\alpha=(123\cdots)\cdots\quad 或\quad \alpha=(12)(34)\cdots.$$

在第一种形式中，由于 α 不是奇置换，因此 α 不具有 $(123h)$ 的形式，即 α 至少还要动两个点，不妨设为 4,5. 令 $\beta=(345)$，$\tau=\beta^{-1}\alpha\beta$，则 $\tau=(124\cdots)$，$\tau\neq\alpha$，因此

$$\sigma=\alpha^{-1}\tau\neq(1).$$

对第二种形式，可求得 $\tau=(12)(45)\cdots$，也有 $\tau\neq\alpha$，$\sigma=\alpha^{-1}\tau\neq(1)$. 对于任一大于 5 的元素，它显然是 β 的不动点. 因此，如果它也是 α 的不动点，则必是

$$\sigma=\alpha^{-1}\tau=\alpha^{-1}\beta^{-1}\alpha\beta$$

的不动点. 对第一种形式，α 至少动 5 个点，而 2 在 σ 下不动，故 σ 的不动点比 α 多，引出矛盾；对第二种形式，1 和 2 在 σ 下均不动，故 σ 的不动点也比 α 多，又是一个矛盾. 因此，α 必是 3-循环置换. ▌

定理中 $n\geqslant 5$ 这一条件是必须的. 因为 A_4 不是单群，它含有一个正规子群

$$K=\{(1),(12)(34),(13)(24),(14)(23)\}.$$

易证 K 是一个 Klein 四元群.

下面我们讨论 S_n 中正规子群的情况.

S_2 是二阶循环群,它没有非平凡的正规子群;$A_3=\{(1),(123),(132)\}$ 是 S_3 唯一的正规子群;S_4 的正规子群有两个,分别是

$$A_4 \quad 和 \quad K=\{(1),(12)(34),(13)(24),(14)(23)\}.$$

当 $n\geqslant 5$ 时,我们有如下结论.

定理 1.8.12　当 $n\geqslant 5$ 时,A_n 是 S_n 唯一的正规子群.

证明　由命题 1.8.8,只需证明唯一性即可. 设 $\{(1)\}\neq N\lhd S_n$. 如果 $N\leqslant A_n$,则 $N\lhd A_n$,由定理 1.8.11 知 $N=A_n$. 如果 N 包含奇置换,则 $N\cap A_n\lhd A_n$ 且

$$A_n/N\cap A_n\cong NA_n/N=S_n/N \quad (见定理 1.6.12).$$

于是,由

$$\frac{|A_n|}{|N\cap A_n|}=\frac{|S_n|}{|N|},$$

可得

$$|N\cap A_n|=\frac{|N|\cdot|A_n|}{|S_n|}=\frac{1}{2}|N|.$$

另一方面,$N\cap A_n\lhd A_n$,故 $N\cap A_n=A_n$ 或 $\{(1)\}$. 若 $N\cap A_n=A_n$,则

$$|N|=2|N\cap A_n|=2|A_n|=n!,$$

从而 $N=S_n$. 若 $N\cap A_n=\{(1)\}$,则 $|N|=2$. 易证当 $n\geqslant 5$ 时 S_n 不可能有 2 阶正规子群. 因此 N 只能是 S_n 或 A_n,即 A_n 是 S_n 的唯一的非平凡正规子群. ▌

习题 1.8

1. 将(12453)(2345)和(123)(45)(16789)(15)表示成互不相交的循环置换的乘积,并给出它们的阶.

2. 证明:当 $n\geqslant 3$ 时,S_n 的中心 $Z(S_n)=\{(1)\}$.

3. 证明:S_n 可由(12),(13),…,$(1n)$生成.

4. 试确定 S_n 中长度为 n 的循环置换的个数.

5. 证明:当 $n\geqslant 3$ 时,3-循环置换(123),(124),…,$(12n)$是 A_n 的一个生成元集.

6. 证明:当 $n\geqslant 2$ 时,(12)和$(123\cdots n)$是 S_n 的一个生成元集.

习题 1.8 参考答案

7. 写出确定 S_4 的全部正规子群的过程.

8. 证明:S_n 的换位子群就是 A_n.

9. 写出与 n 阶循环群同构的置换群.

1.9 群对集合的作用

群对集合的作用是群的应用的基础,也是研究有限群结构的有力工具,甚至与群表示论有着紧密的关系.

1.9.1 轨道稳定定理

定义 1.9.1 设 G 是一个群,S 是一个集合,若存在映射 $\varphi:G\times S\to S$,满足对任意 $x\in S,g_1,g_2\in G$ 都有

(1) $\varphi(e,x)=x$;

(2) $\varphi(g_1g_2,x)=\varphi(g_1,\varphi(g_2,x))$,

则称 G 在 S 上定义了一个左作用,并称 S 为一个 G-集合.

为简便起见,我们一般将$\varphi(g,x)$写成 $g\cdot x$ 或 gx,即 $\varphi(g,x)=g\cdot x=gx$,所以定义中两个条件即为

(1) $e\cdot x=x$;

(2) $(g_1g_2)\cdot x=g_1\cdot(g_2\cdot x)$.

类似地,我们可以定义右作用,所得结论与左作用平行,不再赘述.

例 1.9.2 设 G 是有限集 S 上的置换群,定义

$$g\cdot x=g(x),\quad 对任意 g\in G,x\in S,$$

易证这是一个作用. 因此,群在集合上的作用可看作是置换群的自然推广.

例 1.9.3 设 G 是一个群,取 $S=G$,定义

$$g\cdot x=gx,\quad 对任意 g\in G,x\in S,$$

易证定义了一个 G 在 S 上的作用,称为群 G 对其自身的左平移.

例 1.9.4 设 G 是一个群,取 $S=G$,定义

$$g\cdot x=gxg^{-1},\quad 对任意 g\in G,x\in S,$$

易证

$$e\cdot x=exe^{-1}=x,$$

$$(g_1g_2)\cdot x=(g_1g_2)x(g_1g_2)^{-1}=(g_1g_2)x(g_2^{-1}g_1^{-1})=g_1(g_2xg_2^{-1})g_1^{-1}$$

$$=g_1\cdot(g_2\cdot x).$$

此作用称为群 G 对其自身的共轭作用，元素 gxg^{-1} 称为 x 的共轭元.

例 1.9.5　设 H 是群 G 的子群，$G/H=\{xH\mid x\in G\}$ 是所有左陪集的集合. 定义

$$g\cdot xH=gxH,$$

不难验证这是一个 G 对 G/H 的左作用.

例 1.9.6　设 H 是群 G 的正规子群，定义 G 在 G/H 的作用如下：

$$g\cdot(xH)=gxg^{-1}H,$$

则得到 G 在 G/H 上的一个左作用. 事实上，由

$$(gh)\cdot xH=ghx(gh)^{-1}H=ghxh^{-1}g^{-1}H=g\cdot(hxh^{-1})H=g\cdot(h\cdot xH)$$

和 $e(xH)=xH$ 可知此为一个左作用.

定义 1.9.7　设 S 为一个 G-集合，$x\in S$，则 S 的子集

$$Gx=\{gx\mid g\in G\}$$

称为 x 在 G 作用下的轨道. 如果取 $S=G$ 且考虑共轭作用，则

$$Gx=\{gxg^{-1}\mid g\in G\}$$

称为 x 的共轭类.

定义 1.9.8　设 S 为一个 G-集合，$x\in S$，则 G 的子集

$$\mathrm{Stab}x=\{g\in G\mid gx=x\}$$

是 G 的子群，称为 x 在 G 中的稳定化子(或 x 的迷向子群).

命题 1.9.9　设 S 为一个 G-集合，则 S 是不相交的轨道之并.

证明　设 Gx,Gy 分别是 S 中元素 x,y 所在的轨道，如果这两个轨道相交，即存在 $u\in S$ 使得 $u\in Gx\cap Gy$，则存在 g_1,g_2 使 $u=g_1x=g_2y$. 于是

$$x=g_1^{-1}g_2y\in Gy,\quad 故\quad Gx\subseteq Gy,$$

又

$$y=g_2^{-1}g_1x\in Gx,\quad 故\quad Gy\subseteq Gx,$$

可得 $Gx=Gy$. 因此，两轨道要么不相交，要么重合. 另一方面，S 中任一元素都在某一轨道内. 综上，S 可表示成不相交的轨道之并. ▌

如果 S 是一个有限集，则每个轨道都只含有限个元素. 下面的引理将告诉我们每个轨道所含元素的个数.

引理 1.9.10（轨道稳定定理） 设 S 是一个有限 G-集合，$x\in S$，则

$$|Gx|=[G:\mathrm{Stab}x].$$

证明 设 $H=\mathrm{Stab}x$，G/H 为 H 的左陪集集合，定义映射

$$\varphi:Gx\to G/H,\ \varphi(gx)=gH.$$

首先验证定义的合理性. 若 $g_1x=g_2x$，则 $g_2^{-1}g_1x=x$，也就是说 $g_2^{-1}g_1\in H$，因此 $g_1H=g_2H$.

其次，如果 $g_1H=g_2H$，则 $g_2^{-1}g_1\in H$，于是 $g_2^{-1}g_1x=x$，即得 $g_1x=g_2x$，因而 φ 是单射.

最后，φ 显然是满射，故 φ 是一个双射. 得证.∎

结合命题 1.9.9 和引理 1.9.10，可得如下定理.

定理 1.9.11 设 S 是一个有限 G-集合，令 C 是 S 在 G 作用下的轨道的代表元集，即 S 的每一个轨道有且仅有一个元素属于 C，则

$$|S|=\sum_{x\in C}[G:\mathrm{Stab}x].$$

1.9.2 类方程

下面的定理称为有限群的类方程，它是有限群的基本定理之一. 目前，类方程已推广到 Hopf 代数和融合范畴等许多代数学分支.

定理 1.9.12 设 G 是一个有限群，$Z(G)$是 G 的中心，则

$$|G|=|Z(G)|+\sum_{y_i}[G:C(y_i)],$$

其中 $C(y_i)=\{g\in G\mid gy_i=y_ig\}$表示 y_i 在 G 中的中心化子，y_i 跑遍 G 中含不止一个元素的共轭类全体.

证明 取 $S=G$ 并考虑 G 对 S 的作用为共轭作用，则由定理 1.9.11 知

$$|G|=\sum_{y_i\in C}[G:\mathrm{Stab}y_i]. \tag{1.9.1}$$

又

$$\mathrm{Stab}y_i=\{g\in G\mid gy_ig^{-1}=y_i\}=\{g\in G\mid gy_i=y_ig\}=C(y_i),$$

故式(1.9.1)变为

$$|G|=\sum_{y_i\in C}[G:C(y_i)]=\sum_{y_i\in Z(G)}[G:C(y_i)]+\sum_{y_i\in C\setminus Z(G)}[G:C(y_i)],$$

其中 $y_i\in C\setminus Z(G)$表示 y_i 属于C 但不属于$Z(G)$.

如果 y_i 属于G 的中心，则 $C(y_i)=G$，于是

$$|G|=|Z(G)|+\sum_{y_i\in C\setminus Z(G)}[G:C(y_i)].$$

因为 $y_i\in C\setminus Z(G)$，所以共轭类 $Gx=\{gxg^{-1}\mid g\in G\}$含不止一个元素，得证. ▌

定义 1.9.13　设 p 为素数，如果有限群 G 的阶等于 p^n，则称 G 是一个 p 群.

定理 1.9.14　任一 p 群G 的中心的阶可被 p 整除.

证明　由类方程可得

$$|Z(G)|=|G|-\sum_{y_i\in C\setminus Z(G)}[G:C(y_i)], \tag{1.9.2}$$

再由 Lagrange 定理，式(1.9.2)右侧每一项都是 p 的方幂，因而 p 整除$|Z(G)|$. ▌

例 1.9.15　设 p 是素数，则 p^2 阶群是 Abel 群.

证明　假设$|G|=p^2$ 且 G 不是 Abel 群. 由定理 1.9.14 知，G 的中心 $Z(G)$为 p 阶群. 任取 $a\in G\setminus Z(G)$，则 a 的中心化子 $C(a)\supseteq Z(G)$且 $a\in C(a)$，故 $C(a)$真包含 $Z(G)$，于是 $C(a)=G$. 这表明 $a\in Z(G)$，与假设矛盾. 因此 G 是 Abel 群. ▌

例 1.9.16　设 G 是群，S 是G 的所有子群的集合，定义 G 对 S 的作用：

$$g\cdot H=gHg^{-1},\quad g\in G,\ H\in S,$$

易证 S 是一个 G-集合. 子群 H 所在的轨道称为 H 的共轭类，即具有 gHg^{-1}形状的所有子群构成的集合. 又

$$\mathrm{Stab}H=\{g\in G\mid gHg^{-1}=H\}=\{g\in G\mid gH=Hg\}=N(H),$$

于是 Stab$H$ 就是H 的正规化子. 再由轨道稳定定理，可知G 中与H 共轭的子群共有$[G:N(H)]$个. 如果 H 是正规子群，则 $N(H)=G$，H 所在的轨道只含一个元素即 H 自己(我们将在第 4.6 节中利用此知识测试子群的正规性).

习题 1.9

1. 设 $\alpha=(1,2,\cdots,n)\in S_n$，证明：

(1) α 在 S_n 中的共轭类含有$(n-1)!$ 个元素；

(2) α 的中心化子 $C(\alpha)=\langle\alpha\rangle$.

2. 设 H 是有限群 G 的真子群，证明：G 中至少有一个元不属于 H 的任一共轭子群.

3. 设群 G 作用在非空集合 X 上，证明：对任意 $g\in G,x\in X$，都有

$$\mathrm{Stab}(gx)=g\mathrm{Stab}(x)g^{-1}.$$

4. 对于 $x\in X=\{z\in\mathbf{C}\mid \mathrm{Im}(z)>0\}$ 和 $\begin{pmatrix}a & b\\ c & d\end{pmatrix}\in SL_2(\mathbf{Z})$，定义

$$\begin{pmatrix}a & b\\ c & d\end{pmatrix}\cdot x=\frac{ax+b}{cx+d},$$

证明：这是特殊线性群 $SL_2(\mathbf{Z})$ 在 X 上的作用.

5. 设 G 是一个有限群且有一个指数为 n 的子群 H，即 $[G:H]=n$，证明：H 必含有 G 的一个正规子群 K 且 $[G:K]\mid n!$；特别地，若 $|G|$ 不能整除 $n!$，则 G 含有一个非平凡的正规子群.

6. 设 G 是 p 群且 $|G|=p^n$（p 为素数），求证：

(1) 若 N 是 G 的正规子群且 $N\neq\{e\}$，则 $Z\cap N\neq\{e\}$，这里 Z 是 G 的中心；

(2) 若 H 是 G 的真子群，则 H 必真包含于 $N(H)$ 之中，这里 $N(H)$ 是 H 的正规化子；

(3) 若 $|H|=p^{n-1}$，则 H 是 G 的正规子群.

7. 设 G 是一个有限群，p 是能整除 $|G|$ 的最小素数，证明：如果 H 是 G 的子群且

$$[G:H]=p,$$

则 H 是 G 的正规子群.

8. 假定群 G 的共轭类只有两个，证明：G 是 2 阶群.

9. 假定群 G 不含有指数为 2 的子群，求证：指数等于 3 的子群必是 G 的正规子群.

习题 1.9 参考答案

1.10 Sylow 定理

由 Lagrange 定理可知一个有限群 G 的子群的阶一定是 $|G|$ 的因子. 但要指出的是，Lagrange 定理的逆未必成立，即对 $|G|$ 的任一因子 r，G 不一定有一个 r 阶子群. 一个明显的例子是 60 阶群 A_5 没有 30 阶子群，否则这样的子群一定是正规的，与 A_5 是单群矛盾. 本节的结论表明：如果对 $|G|$ 的因子 r 作适当的限制，仍可证明 r 阶子群的存在性.

1.10.1　Sylow 定理

定义 1.10.1　设 G 是一个有限群，p 是一个素数. 若 $p^m \mid |G|(m>0)$ 而 p^{m+1} 不能整除 $|G|$，则 G 的 p^m 阶子群称为 G 的 p-Sylow 子群.

本小节主要讨论 p-Sylow 子群的存在性、个数以及两个 p-Sylow 子群之间的关系.

引理 1.10.2(Cauchy 引理)　设 G 是一个有限 Abel 群，p 是一个素数. 若 p 是 $|G|$ 的一个因子，则 G 有一个阶为 p 的元素.

证明　设 g 是 G 中的非单位元.

若 g 的阶可被 p 整除，可设 $o(g)=pm$，则 $b=g^m$ 的阶为 p，引理得证.

若 g 的阶与 p 互素，则对 G 的阶用数学归纳法. 因为商群 $G/\langle g\rangle$ 的阶比 G 的阶小且被 p 整除，故可设 $G/\langle g\rangle$ 有一个 p 阶元 $a\langle g\rangle$. 设 a 的阶为 s，则

$$(a\langle g\rangle)^s=a^s\langle g\rangle=e.$$

而 $a\langle g\rangle$ 的阶为 p，所以 $p\mid s$. 设 $s=pt$，则 a^t 的阶为 p. ▌

定理 1.10.3(Sylow 第一定理)　设 G 是一个有限群，p 是一个素数. 若 $p^k \mid |G|$，则 G 必包含一个 p^k 阶的子群.

证明　对 G 的阶用数学归纳法. 若 $|G|=1$，则命题自然成立. 假设结论对于一切阶小于 $|G|$ 的群成立. 考虑 G 的类方程

$$|G|=|Z(G)|+\sum_{y_i\in C\setminus Z(G)}[G:C(y_i)].$$

若 p 不能整除 $|Z(G)|$，则必存在某个 i 使得 p 不能整除 $[G:C(y_i)]$. 但

$$|G|=|C(y_i)|[G:C(y_i)],\quad p^k \mid |G|,$$

故 $p^k \mid |C(y_i)|$. 因为子群 $C(y_i)$ 的阶严格小于 $|G|$，故由归纳假设知 $C(y_i)$ 含有一个 p^k 阶子群，从而这个子群也是 G 的子群.

下设 p 整除 $|Z(G)|$. 因为 $Z(G)$ 为交换群，所以由 Cauchy 引理可知 $Z(G)$ 含有一个 p 阶子群 $\langle g\rangle$. 另一方面，由 $\langle g\rangle$ 属于中心可知 $\langle g\rangle$ 是 G 的正规子群，从而商群 $G/\langle g\rangle$ 的阶小于 $|G|$，再由归纳假设知 $G/\langle g\rangle$ 含有一个阶等于 p^{k-1} 的子群，记其为 $H/\langle g\rangle$，其中 $H\supseteq\langle g\rangle$. 于是

$$|H|=[H:\langle g\rangle]\cdot|\langle g\rangle|=p^{k-1}\cdot p=p^k.$$ ▌

推论 1.10.4　若素数 p 是群 G 的阶的一个因子，则 G 含有一个阶为 p 的元素.

定理 1.10.5(Sylow 共轭定理) 设 G 是一个有限群且素数 p 是群 G 的阶的一个因子,则群 G 的任意两个 p-Sylow 子群都共轭. 也即,若 P_1, P_2 都是有限群 G 的 p-Sylow 子群,则存在 $g\in G$ 使 $P_2=gP_1g^{-1}$.

证明 设 S 是 G 的所有 p-Sylow 子群构成的集合,定义 G 在 S 上的作用为

$$g\cdot P=gPg^{-1},\quad P\in S,\ g\in G. \tag{1.10.1}$$

易证 S 是一个 G-集合. 现设 T 是 S 的一个 G-轨道,我们只要证 $T=S$ 即可.

设 T 有 r 个 p-Sylow 子群,即 T 中有 r 个元素,设为 $K_1, K_2, \cdots, K_r$. 又设 H 是其中某个 K_i,将 G 对 T 的作用限制在 H 上,即定义 H 对 T 的作用为

$$h\cdot K_j=hK_jh^{-1},\quad K_j\in T,\ h\in H,$$

则 T 是一个 H-集合,T 可划分为若干个 H-轨道的无交并,于是由轨道稳定定理可得

$$r=|T|=\sum\,[H:\mathrm{Stab}K_j], \tag{1.10.2}$$

其中 K_j 跑遍各 H-轨道的代表元. 注意到 $H\in T$,H 所在的 H-轨道只有 H 自己. 若 $K\in T$ 且 K 所在的 H-轨道只有 K 自己,则由

$$1=[H:\mathrm{Stab}K]$$

知 $H=\mathrm{Stab}K=\{h\in H\,|\,hK=Kh\}$,于是 $HK=KH$. 由命题 1.3.6 知 HK 是 G 的子群且显然有 $K\lhd HK$. 由第二同构定理可知

$$HK/K\cong H/H\cap K,$$

因此 $|HK|=|K|\,|H/H\cap K|$. 注意到 H,K 均是 p-Sylow 子群,$|H/H\cap K|$ 为 p 的某个方幂或 1. 若 $|H/H\cap K|\neq 1$,则 $|HK|>|K|$ 且 $|HK|$ 也等于 p 的幂,这与 K 是 G 的 p-Sylow 子群矛盾. 因此 $|H/H\cap K|=1$,即 $H=H\cap K$,从而 $H\subseteq K$. 又因为 $|H|=|K|$,故 $H=K$. 这一事实表明在 T 的诸 H-轨道中,只有 H 所在的轨道仅含一个元素,其余轨道所含元素的数目为 $[H:\mathrm{Stab}K_j]$. 因为 $[H:\mathrm{Stab}K_j]$ 为 p 的某个非零幂,这就证明了

$$r=|T|\equiv 1(\mathrm{mod}\,p). \tag{1.10.3}$$

现假定某个 p-Sylow 子群 H 不在 T 中. 我们仍可以定义 H 对 T 的作用如式(1.10.1)所示,此时式(1.10.2)同样成立,而且经过同样的论证可知每个 H-轨道 $H\cdot K_j$ 的元素个数都是 p 的某个非零次幂. 但这显然与式(1.10.3)矛盾,因此 H 必须在 T 中,这就证明了 $S=T$. ▌

定理 1.10.6(Sylow 计数定理)　设 G 是一个有限群且素数 p 是 $|G|$ 的因子，则 G 的 p-Sylow 子群的个数 r 是 $[G:P]$ 的一个因子，其中 P 是 G 的一个 p-Sylow 子群，且 r 适合同余式 $r\equiv 1(\bmod p)$.

证明　采用与定理 1.10.5 中相同的符号和群作用. 由以上定理的证明知 G-轨道只有一个，对任一 p-Sylow 子群，$S=G\cdot P$. 再由轨道稳定定理和例 1.9.16 可知

$$r=|S|=[G:\mathrm{Stab}P]=[G:N(P)].$$

而

$$N(P)\supseteq P,\quad [G:P]=[G:N(P)][N(P):P],$$

于是 r 是 $[G:P]$ 的因子. 再由式(1.10.3)即得证明.▌

定理 1.10.7(Sylow 包含定理)　设 G 是一个有限群且素数 p 是 $|G|$ 的因子，则 G 的任意一个 p^k 阶子群都含在某个 p-Sylow 子群内.

证明　采用与定理 1.10.5 相同的符号和群作用. 设 L 是 G 的一个 p^k 阶子群，将 G 对 S 的作用限制在 L 上使 S 成为一个 L-集. 类似于定理 1.10.5 的证明可得 L-轨道所含元素的个数为 p 的某个方幂(包含零次幂). 但 $r\equiv 1(\bmod p)$，故至少有一个 L-轨道只含一个 p-Sylow 子群 K. 此时

$$L\subseteq N(K)=\{g\in G\mid gKg^{-1}=K\},$$

LK 是 G 的子群且 $K\lhd LK$. 由第二同构定理可得 $LK/K\cong L/L\cap K$. 于是类似于共轭定理的证明可得 $L\cap K=L$，即得证 $L\subseteq K$.▌

推论 1.10.8　若有限群 G 只有一个 p-Sylow 子群，则该子群必是正规子群.

证明　由共轭定理即得.▌

1.10.2　Sylow 定理应用举例

Sylow 定理是研究有限群的有力工具，可以利用它分析有限群的子群结构，从而进一步得到整个群的构造和性质. 下面我们举例说明它的应用.

例 1.10.9　证明：阶为 20449 的群 G 必是 Abel 群.

证明　因为 $|G|=11^2\times 13^2$，所以 G 的 11-Sylow 子群的个数应该为 $1+11k$，其中 k 为非负整数. 另一方面，$1+11k$ 整除 13^2，因此 k 只能为 0，即 G 只有 1 个 11^2 阶子群 A，从而 A 是 G 的正规子群. 同理可证 G 只有一个 13^2 阶 13-Sylow 子群 B. 另外，由例 1.9.15 知 A,B 都为 Abel 群. 又因为 $A\cap B=\{e\}$，所以 $G=AB$. 再由习题 1.5 第 5 题可知 A 中元素与 B 中元素乘法可交换. 因此 G 是 Abel 群.▌

例 1.10.10　证明：56 阶群不是单群.

证明　设 $|G|=56=2^3\times 7$，则 G 中有 7-Sylow 子群和 2-Sylow 子群. 由计数

定理可知 7-Sylow 子群的个数 $r=1$ 或 8.

若 $r=1$，则此唯一的 7-Sylow 子群是正规子群，从而 G 不是单群. 若 $r=8$，则设它们为 $P_1,P_2,\cdots,P_8$. 因为任两个不同的 7-Sylow 子群的交只能为 $\{e\}$，否则它们一定相同，从而 $\left|\bigcup_{i=1}^{8}P_i\right|=49$，而整个群的阶是 56. 于是 G 只能含有一个 2-Sylow 子群，因而是正规子群，所以 G 不是单群. ▌

例 1.10.11 设 G 是一个 pq 阶群，其中 p,q 是素数且 $q>p$，则下列二者之一必成立：

(1) G 是一个循环群；

(2) $p|q-1$ 且

$$
\begin{aligned}
G&=\langle a,b\rangle\\
&=\{a^ib^j\mid a^p=b^q=e,ba=ab^r,i=0,1,\cdots,p-1;j=0,1,\cdots,q-1\},
\end{aligned}
$$

其中，r 适合同余式 $r\equiv1(\bmod q)$，$r^p\equiv1(\bmod q)$.

证明 由计数定理知 G 的 q-Sylow 子群应有 $1+kq$ 个且 $1+kq|p$，其中 k 为非负整数. 因为 $q>p$，所以 $k=0$. 而 G 的 q-Sylow 子群只有 1 个，因此必为正规子群. 再由计数定理知 p-Sylow 子群应有 $1+kp$ 个且 $1+kp|q$. 若 $k=0$，则 G 有一个正规的 p 阶群. 这样 G 有一个正规的 p 阶群 A 和一个正规的 q 阶群 B. 显然

$$A\cap B=\{e\},\quad G=AB.$$

记 G 的一个 p 阶元为 a，一个 q 阶元为 b，则 $ab=ba$. 因此 G 有一个 pq 阶元，从而 G 是一个循环群. 这就证明了(1).

下面考虑 $k\neq0$ 的情况. 此时，G 有 q 个 p-Sylow 子群且 $p|q-1$. 设 a 是一个 p 阶元，b 是一个 q 阶元，则 a,b 生成 G，即 $G=\langle a,b\rangle$. 由于 $\langle b\rangle$ 是 G 的正规子群，故

$$a^{-1}ba=b^r,\quad \text{其中 } r \text{ 满足 } r\not\equiv1(\bmod q).$$

事实上，如果 $r\equiv1(\bmod q)$，则 $a^{-1}ba=b$，从而 $ab=ba$，于是 G 是交换群. 进一步，由共轭定理知 $\langle a\rangle$ 是 G 的唯一的 p-Sylow 子群，这与 G 有 q 个 p-Sylow 子群矛盾. 另一方面，由 $a^{-1}ba=b^r$ 可得

$$\underbrace{(a^{-1}ba)(a^{-1}ba)\cdots(a^{-1}ba)}_{r\text{个}}=a^{-1}b^ra=b^{r^2},$$

于是由数学归纳法可证得 $a^{-p}ba^p=b^{r^p}$，从而 $b=b^{r^p}$. 这就推出 $r^p\equiv1(\bmod q)$. ▌

习题 1.10

1. 试决定 S_4 的所有 Sylow 子群.

2. 证明:63 阶群不是单群.

3. 证明:148 阶群不是单群.

4. 证明:6 阶非交换群都与 S_3 同构.

5. 若群 G 阶的素因子分解式 $p_1p_2\cdots p_t$ 中,当 $i\neq j$ 时 $p_i\neq p_j$,又若 G 是 Abel 群,证明:G 必是循环群.

6. 求证:p^2q 阶群必含有一个正规的 Sylow 子群,这里 p 和 q 是不相同的奇素数.

7. 求证:200 阶群含有一个正规的 Sylow 子群.

8. 证明:阶为 231 的群 G 的 11-Sylow 子群含于 G 的中心内.

9. 证明:36 阶群不是单群.

10. 设 G 是一个 30 阶群,证明:它的 3-Sylow 子群与 5-Sylow 子群都是正规子群,且 G 必含有一个 15 阶的循环群作为正规子群.

11. 证明:72 阶群不是单群.

习题 1.10 参考答案

1.11　群的直积

在群的研究中,往往要从已知的群出发来构造新的群,如商群就是从已知的群及其正规子群出发构造出来的一类新群,它与原来的群有着密切的联系.本节所介绍的方法也是一种构造新群的方法,并且这种方法同样可以将一个比较复杂的群分解成比较简单的群加以研究.

1.11.1　外直积和内直积

定义 1.11.1　设 G_1,G_2 是两个群,定义

$$G_1\times G_2=\{(g_1,g_2)\mid g_i\in G_i,i=1,2\}$$

为 G_1 和 G_2 的卡氏积,并且规定 $(g_1,g_2)=(h_1,h_2)$ 当且仅当 $g_1=h_1,g_2=h_2$.

定理 1.11.2　设 G_1,G_2 是两个群,则它们的卡氏积 $G_1\times G_2$ 对运算

$$(g_1,g_2)(h_1,h_2)=(g_1h_1,g_2h_2)$$

构成一个群,称为群 G_1 和 G_2 的外直积.

证明　直接验证 $G_1\times G_2$ 的单位元为 (e_1,e_2),其中 e_i 为 G_i 的单位元;(g_1,g_2) 的逆元为 (g_1^{-1},g_2^{-1}).其他易证.▍

易知,$G_1\times G_2$ 是交换群(有限群)当且仅当 G_1 和 G_2 都是交换群(有限群),而且当 G_1 和 G_2 都是有限群时,有

$$|G_1 \times G_2| = |G_1| \cdot |G_2|.$$

上面我们利用两个没有任何关系的群 G_1 和 G_2 构造了一个新的群，下面考察如何将一个群用它的两个子群表示出来，并研究这两种构造之间的关系.

定义 1.11.3 设 G 是一个群，N_1 和 N_2 是 G 的两个正规子群且满足下列条件：

(1) $G=N_1N_2$；

(2) $N_1 \cap N_2=\{e\}$，

则称 G 是 N_1 和 N_2 的内直积.

下面我们首先讨论群成为内直积的条件，然后讨论内直积和外直积的关系.

定理 1.11.4 设 N_1 和 N_2 是 G 的正规子群，则 G 是 N_1 和 N_2 的内直积的充要条件如下：

(1) $G=N_1N_2$；

(2) G 中元素用 N_1, N_2 的乘积表示唯一，即若 $g=g_1g_2=h_1h_2$，$g_i, h_i \in N_i$，则

$$g_1=h_1, \quad g_2=h_2.$$

证明 设 G 是 N_1, N_2 的内直积，我们只需证明(2)成立.

设 $g=g_1g_2=h_1h_2$，则 $h_1^{-1}g_1=h_2g_2^{-1} \in N_1 \cap N_2=\{e\}$. 于是

$$h_1^{-1}g_1=h_2g_2^{-1}=e,$$

从而

$$h_1=g_1, \quad h_2=g_2.$$

反之，令 $x \in N_1 \cap N_2$，则 $x=ex \in N_1N_2$. 同时，$x=xe \in N_1N_2$. 由分解的唯一性知 $x=e$，得证.▌

推论 1.11.5 设 N_1 和 N_2 是 G 的正规子群，则 G 是 N_1 和 N_2 的内直积的充要条件如下：

(1) $G=N_1N_2$；

(2) 若 $g_1g_2=e, g_i \in N_i$，则 $g_i=e$，其中 $i=1,2$.

证明 必要性是显然的，下面只证充分性. 任取 $x \in N_1 \cap N_2$，则存在 $x_1 \in N_1$，$x_2 \in N_2$，使得 $x=x_1=x_2$. 于是 $x_1^{-1}x_2=e$. 由单位元分解唯一性得 $x_1=x_2=e$，即

$$N_1 \cap N_2=\{e\},$$

从而 G 是 N_1 和 N_2 的内直积.▌

定理 1.11.6 设群 G 是它的正规子群 N_1 和 N_2 的内直积，又令 $T=N_1 \times N_2$ 是 N_1 和 N_2 的外直积，则 G 与 T 同构.

证明　定义映射 $\varphi: T \to G$，$\varphi(g_1, g_2)=g_1g_2$，其中 $g_1\in N_1$，$g_2\in N_2$. 因为 G 是 N_1，N_2 的内直积，所以 φ 是满射. 又若 $\varphi(g_1,g_2)=g_1g_2=e$，则由推论 1.11.5 知

$$g_1=g_2=e,$$

从而 φ 为单射. 在证明 φ 是群同态之前，我们需证明

$$gh=hg, \quad g\in N_1, h\in N_2.$$

由 $N_2 \lhd G$ 知

$$g^{-1}h^{-1}gh=(g^{-1}h^{-1}g)h\in N_2,$$

类似可得

$$g^{-1}h^{-1}gh=g^{-1}(h^{-1}gh)\in N_1,$$

而 $N_1\cap N_2=\{e\}$，故 $g^{-1}h^{-1}gh=e$，从而 $gh=hg$. 于是

$$\begin{aligned}\varphi((g_1,g_2)(h_1,h_2))&=\varphi(g_1h_1,g_2h_2)=g_1h_1g_2h_2=(g_1g_2)(h_1h_2)\\&=\varphi(g_1,g_2)\varphi(h_1,h_2).\end{aligned}$$

因此 φ 为群同态，这就证明了 φ 是群同构. ▌

由定理 1.11.6，我们一般不区分外直积与内直积，而统称为群的直积，并统一用外直积的符号.

1.11.2　低阶群的分类

下面给出阶不大于 10 的低阶群的分类. 由于 1，2，3，5，7 阶群都是循环群，因此我们从 4 阶群开始研究.

引理 1.11.7　设 G 是 pq 阶循环群且 p,q 为互素的正整数，则 G 可分解为 p 阶循环子群和 q 阶循环子群的直积。

证明　设 $G=\langle a\rangle$，$o(a)=pq$. 因为 p,q 互素，所以存在 s,t 使得 $ps+qt=1$. 于是

$$a=a^{ps}\cdot a^{qt}=(a^p)^s\cdot(a^q)^t.$$

令 $G_1=\langle a^p\rangle$，$G_2=\langle a^q\rangle$，则上式表明 $G=G_1G_2$. 又若 $x\in G_1\cap G_2$，则 $o(x)$ 整除

$$|G_1|=q \quad 和 \quad |G_2|=p.$$

但 $(p,q)=1$，故 $o(x)=1$，从而 $x=e$，于是 $G=G_1\times G_2$. ▌

例 1.11.8　设 G 是一个 4 阶群，则 G 或是循环群，或是两个 2 阶循环群的直积. 并且若 G 是后者，则 G 同构于 Klein 四元群.

证明 由 Lagrange 定理知 G 的任一元素的阶都整除 4，因此，若某一元素 g 的阶为 4，则 $G=\langle g\rangle$ 是循环群. 下设 G 的任一非单位元的阶都是 2，故 G 是交换群. 设 $g\neq e$，则 $\langle g\rangle$ 是 G 的 2 阶子群；又设 $h\notin\langle g\rangle$，则 $\langle h\rangle$ 也是 G 的 2 阶子群. 显然

$$\langle g\rangle\cap\langle h\rangle=\{e\},\quad G=\langle g\rangle\times\langle h\rangle$$

是 G 的直积分解.

设 $K_4=\{e,a,b,c\}$ 是例 1.3.12 中的 Klein 四元群，则易证映射

$$f:K_4\to G,\ f(a)=g,\ f(b)=h,\ f(c)=gh,\ f(e)=e$$

是群同构.

因为任一个 n 阶循环群都同构于 $\mathbf{Z}_n$，故我们常将 K_4 表示成 $\mathbf{Z}_2\times\mathbf{Z}_2$. ▌

例 1.11.9 设 G 是一个 6 阶群，则 G 是循环群或同构于 S_3.

证明 因为 $6=2\times3$，故由例 1.10.11 知 G 是循环群或唯一的 6 阶非交换群. 又因为 S_3 是一个非交换的 6 阶群，所以此时 G 同构于 S_3. ▌

例 1.11.10 设 G 是一个 8 阶群，则 G 同构于下列之一：

$$\mathbf{Z}_8,\quad \mathbf{Z}_4\times\mathbf{Z}_2,\quad \mathbf{Z}_2\times\mathbf{Z}_2\times\mathbf{Z}_2,\quad D_4,\quad H_4.$$

证明 由 Lagrange 定理知 G 的任一元素的阶都整除 8. 若 G 中有一个 8 阶元，则 G 是循环群，从而同构于 $\mathbf{Z}_8$.

若 G 中每个非单位元的阶都是 2，则 G 为交换群. 设 a,b,c 为 G 中 3 个不同的阶为 2 的元，则 $\langle a\rangle\langle b\rangle\langle c\rangle$ 是 G 的子群且阶为 8，故 $G=\langle a\rangle\langle b\rangle\langle c\rangle$. 由推论 1.11.5 的推广形式知 G 同构于 $\mathbf{Z}_2\times\mathbf{Z}_2\times\mathbf{Z}_2$.

下面假设不存在上面的情形.

考虑 G 中含有一个 4 阶元 a 的情形. 取不属于 $\langle a\rangle$ 的元 b，则

$$G=\langle a\rangle\cup\langle a\rangle b,$$

于是 $b^2\in\langle a\rangle$. 这时有两种可能，即 $b^2=e$ 或 $b^2=a^2$. 事实上，如果 $b^2=a$ 或 $b^2=a^3$，则 $o(b)=8$，矛盾. 因为 $\langle a\rangle$ 是 4 阶子群，故 $\langle a\rangle$ 是 G 的正规子群，从而 $b^{-1}ab\in\langle a\rangle$. 注意到 $o(b^{-1}ab)=o(a)$，因而 $b^{-1}ab=a$ 或 a^3.

若 $b^{-1}ab=a$，则 $ab=ba$，从而 G 为交换群. 此时，若 $b^2=a^2$，则 ab 为 2 阶元. 因为 G 为交换群，所以 $\langle ab\rangle\langle a\rangle$ 为 G 的子群且阶为 8，故 $G=\langle ab\rangle\langle a\rangle$. 又因为

$$\langle ab\rangle\cap\langle a\rangle=\{e\},$$

故 $G\cong\mathbf{Z}_4\times\mathbf{Z}_2$. 若 $b^2=e$，则类似可得 $G=\langle a\rangle\times\langle b\rangle\cong\mathbf{Z}_4\times\mathbf{Z}_2$.

若 $b^{-1}ab=a^3$，则 $b^2=e$ 时，有

$$a^4=b^2=e,\quad ab=ba^3,$$

此时易证 G 同构于二面体群 D_4；而当 $b^2=a^2$ 时，有

$$a^4=e,\quad b^2=a^2,\quad b^{-1}ab=a^3,$$

此时易证 G 同构于 Hamilton 四元数群 H_4. ▌

例 1.11.11　9 阶群只有 $\mathbf{Z}_9$ 和 $\mathbf{Z}_3\times\mathbf{Z}_3$.

此例作为练习，请读者自证.

例 1.11.12　10 阶群只有 $\mathbf{Z}_{10}$ 和 D_5.

证明　由例 1.10.11 可知 $10=2\times5$ 阶群要么是循环群，要么是唯一的 10 阶非交换群. 另一方面，D_5 是一个 10 阶非交换群. 结论得证. ▌

至此，我们完成了所有阶不超过 10 的群的分类.

习题 1.11

1. 设 A,B 是群，证明：$A\times B\cong B\times A$.

2. 若 $G=G_1\times G_2$ 是内直积，求证：$G/G_1\cong G_2$，$G/G_2\cong G_1$.

3. 证明：p^2 阶群只有两种，即 $\mathbf{Z}_{p^2}$ 与 $\mathbf{Z}_p\times\mathbf{Z}_p$，这里 p 是素数.

4. 设 $G=\mathbf{Z}_p\times\mathbf{Z}_p$，其中 p 是素数，问 G 的自同构群 Aut(G)的阶等于多少？

5. 若 G 是有限群且每个元的阶不超过 2，证明：G 是 Abel 群且同构于有限个 2 阶循环群之直积.

6. 证明：交换群的直积仍为交换群.

7. 举例说明：若 H,K 是 G 的交换子群且 H 是 G 的正规子群，又有

$$G=HK\quad 及\quad H\cap K=\{e\},$$

但 G 不是 H 与 K 的直积.

习题 1.11 参考答案

8. 证明：$\mathbf{Z}_8$ 不可能表示为两个子群的直积.

第 2 章　环论

环是在群的基础上添加一个新的运算而成的代数系统，因此它的许多概念和理论都是群中相应内容的推广. 同时，环也可以看成是我们熟悉的整数或数域上多项式函数等代数系统的推广. 读者在学习这一章时应注意与现有知识的类比，这样有助于对新知识的理解.

本章主要介绍三类问题，即环内部的性质、环与环之间的关系、几类重要的环. 其中，第一类问题主要研究环的元素、子环、理想以及商环，第二类问题主要研究环同态和同构，第三类问题主要研究一些特殊的整环.

2.1　环的概念和基本性质

2.1.1　环的概念

定义 2.1.1　如果非空集合 R 上定义了两种运算——加法(记为“+”)和乘法(记为“·”)，且

(1) $(R,+)$是一个交换群(称为加群)，其单位元称为零元，记为 0；

(2) 乘法满足结合律，即对任意 $a,b,c\in\mathbf{R}$，有

$$(a\cdot b)\cdot c=a\cdot(b\cdot c);$$

(3) 乘法满足分配律，即对任意 $a,b,c\in\mathbf{R}$，有

$$(a+b)\cdot c=a\cdot c+b\cdot c,\quad c\cdot(a+b)=c\cdot a+c\cdot b,$$

则称 R 是一个环.

如果环 R 中乘法还满足交换律，即 $a\cdot b=b\cdot a$(对任意 $a,b\in\mathbf{R}$)，则称 R 是交换环. 为方便起见，我们通常将环中乘法 $a\cdot b$ 简写成 ab.

定义 2.1.2　如果环 R 中存在一个元 e，满足对任意 $a\in\mathbf{R}$，都有

$$ae=ea=a,$$

则称 e 是 R 的单位元.

我们通常将环中单位元 e 写成 1.

一般地,一个环 R 未必有单位元. 比如,$R=\{$所有偶数$\}$对于普通加法和乘法来说显然可以作成一个环,但 R 没有单位元.

例 2.1.3　对于模 n 的剩余类加群 $\mathbf{Z}_n$,按第 1.2 节中定义的加法和乘法可以构成一个环,称为模 n 的剩余类环. 同时,我们熟知的数域上的多项式、整数、有理数、实数和复数也是环.

我们还可以利用已知的环来构造新的环.

例 2.1.4　设 R 是一个含单位元的交换环,x 是一个未定元. $R[x]$是下列多项式的集合:

$$a_0+a_1x+\cdots+a_nx^n,\quad \text{其中 } a_i\in R, n\in\mathbf{N}.$$

两个多项式 $a_0+a_1x+\cdots+a_nx^n$ 和 $b_0+b_1x+\cdots+b_mx^m$ 相等当且仅当

$$n=m,\quad a_i=b_i\quad (i=0,1,\cdots,n).$$

定义 $R[x]$上的两个多项式$f(x)$,$g(x)$的加法和乘法如下:设有两个多项式

$$f(x)=a_0+a_1x+a_2x^2+\cdots+a_nx^n,\quad g(x)=b_0+b_1x+b_2x^2+\cdots+b_mx^m,$$

并设 $n\geqslant m$,再设 $b_{m+1}=b_{m+2}=\cdots=b_n=0$,则可定义

$$f(x)+g(x)=(a_0+b_0)+(a_1+b_1)x+(a_2+b_2)x^2+\cdots+(a_n+b_n)x^n,$$
$$f(x)g(x)=c_0+c_1x+c_2x^2+\cdots+c_{m+n}x^{m+n},$$

其中

$$c_k=\sum_{i+j=k}a_ib_j\quad (k=0,1,\cdots,m+n).$$

容易验证 $R[x]$是一个环,称为 R 上的多项式环.

例 2.1.5　设 R 是一个环,$M_n(R)=\{(a_{ij})_{n\times n}\mid a_{ij}\in R\}$为元素取自 R 的全体 n 阶方阵的全体. 按通常的矩阵加法和乘法,$M_n(R)$成为一个环,称为 R 上的全矩阵环. 如果 R 中有单位元 1,则对角线上全为 1,其他位置全为 0 的矩阵是 $M_n(R)$的单位元,零元就是零矩阵.

例 2.1.6　设 $\mathbf{Z}[\mathrm{i}]=\{a+b\mathrm{i}\mid a,b\in\mathbf{Z},\mathrm{i}=\sqrt{-1}\}$,则 $\mathbf{Z}[\mathrm{i}]$对复数的加法和乘法构成环,称为 Gauss 整数环.

类似于群中的定义,在环中有元素的倍数和幂的定义:

$$na=\underbrace{a+\cdots+a}_{n\text{个}a},\quad a^n=\underbrace{a\cdot a\cdot\cdots\cdot a}_{n\text{个}a},$$

于是

$$(na)b=a(nb)=nab,\quad a^n a^m=a^{n+m},\quad (a^n)^m=a^{mn}.$$

命题 2.1.7 设$(R,+,\cdot)$是一个环.

(1) 对任意 $a\in R$,存在 $b\in R$ 使 $a+b=0$,记 $b=-a$;

(2) $\left(\sum\limits_{i=1}^{m} a_i\right)\left(\sum\limits_{j=1}^{n} b_j\right)=\sum\limits_{i=1}^{m}\sum\limits_{j=1}^{n} a_i b_j$;

(3) $a\cdot 0=0\cdot a=0$;

(4) $(-a)b=-(ab)$,一般将$-(ab)$写成$-ab$;

(5) 如果 $ab=ba$,则对任意自然数 n,有

$$(ab)^n=a^n b^n,\quad (a+b)^n=\sum_{i=0}^{n} \mathrm{C}_n^i a^{n-i}b^i.$$

证明 (1) 因为$(R,+)$是一个加法交换群,所以每个元素都存在负元,即 b 是 a 的负元.

(2) 利用分配律直接验证.

(3) 因为 $a\cdot 0=a\cdot(0+0)=a\cdot 0+a\cdot 0$,两边同时消去 $a\cdot 0$ 即得 $a\cdot 0=0$.

(4) 因为 $0\cdot b=[a+(-a)]b=ab+(-a)b=0$,再由(1)即得

$$(-a)b=-(ab).$$

(5) 利用数学归纳法证明即可.▌

下面我们介绍零因子的概念和环的类型.

定义 2.1.8 设 a,b 是环 R 中两个不等于零的元素,如果 $ab=0$,则称 a 是 R 的左零因子,b 是 R 的右零因子. 若一个元素既是左零因子又是右零因子,则称之为零因子.

我们已知的整数环 $\mathbf{Z}$ 和数域 F 上的多项式环 $F[x]$都是无零因子的环,而 $M_n(R)$一般是有零因子的环. 比如在 $M_2(\mathbf{Z})$中,两个非零矩阵 A 和 B 的乘积为零:

$$A=\begin{pmatrix}1&0\\0&0\end{pmatrix},\quad B=\begin{pmatrix}0&0\\0&1\end{pmatrix},\quad AB=BA=\begin{pmatrix}0&0\\0&0\end{pmatrix}.$$

因此 A,B 既是左零因子又是右零因子,所以都是零因子. 在交换环中,这三个概念合而为一.

又如设 R 为由一切方阵

$$\begin{pmatrix}x&y\\0&0\end{pmatrix},\quad x,y\in\mathbf{Q}$$

对方阵的普通加法和乘法构成的环. 易知 $\begin{pmatrix}1 & 0\\0 & 0\end{pmatrix}$ 是一个右零因子,但它却不是 R 的左零因子.

由零因子的定义可知,如果环 R 有左零因子,则 R 必然也有右零因子,反之亦然. 因此,下文中我们将笼统地说一个环无零因子或有零因子.

定理 2.1.9　环 R 中无零因子的充分必要条件是消去律成立.

证明　必要性. 设 a 是 R 中非零元,满足 $ax=ay$,则 $a(x-y)=0$. 因为 R 中无左零因子且 $a\neq 0$,故有 $x-y=0$,即 $x=y$. 利用 R 中无右零因子类似可证右消去律成立.

充分性. 设 $ab=0$. 若 $a\neq 0$,则对 $ab=a0$ 运用左消去律得 $b=0$. 因而不存在 $a\neq 0$ 和 $b\neq 0$ 使 $ab=0$,即环中无左(右)零因子. ▌

定义 2.1.10　设 R 是一个有单位元的交换环,如果 R 中无零因子,则称 R 是一个整环.

易知,整数环和数域上的多项式环 $P[x]$ 都是整环.

设 R 是一个有单位元 1 的环. 如果对 R 中元素 a,存在另一个 $b\in R$,使得 $ab=1$,则称 b 是 a 的右逆元;若存在 $c\in R$,使得 $ca=1$,则称 c 是 a 的左逆元. 一般来说左逆元不一定等于右逆元. 如果 b 既是 a 的左逆元又是 a 的右逆元,则称 a 是可逆的,且称 b 是 a 的逆元,记作 $b=a^{-1}$. 一个可逆元也称为 R 中的一个单位(注意单位与单位元的区别).

定义 2.1.11　设 R 是一个含有单位元的非零环,如果 R 中任一非零元都是单位,则称 R 是除环. 交换的除环称为域.

易证,除环 R 中的非零元集合 $R^*=R\backslash\{0\}$ 关于环的乘法构成一个群. 若设 a,b 是除环中的两个非零元,则 $ab\neq 0$. 否则在 $ab=0$ 两边同时左乘 a^{-1} 可得 $b=0$,矛盾. 因此,除环无零因子. 进一步,域一定是整环.

当 n 不是素数时,模 n 的剩余类环 $\mathbf{Z}_n$ 有零因子,因而不是整环. 但当 n 为素数时,$\mathbf{Z}_n$ 是一个域.

命题 2.1.12　模 n 的剩余类环$(\mathbf{Z}_n,+,\cdot)$是域的充分必要条件是 n 为素数.

证明　必要性. 假设 n 不是素数,则存在 $n_1,n_2>1$ 使 $n=n_1n_2$. 于是

$$[0]=[n]=[n_1][n_2],$$

而$[n_1]\neq 0$,$[n_2]\neq 0$,所以$[n_1]$,$[n_2]$是零因子,与 $\mathbf{Z}_n$ 是域矛盾.

充分性. 设 $n=p$ 是素数,则 $\mathbf{Z}_n\neq\{0\}$. 任取$[k]\in\mathbf{Z}_p^*$,由于$(k,p)=1$,存在 a,$b\in\mathbf{Z}$,使 $ak+bp=1$,所以

$$[ak+bp]=[a][k]+[b][p]=[a][k]=[1],$$

即$[a]=[k]^{-1}$. 这就证明了 $\mathbf{Z}_n$ 中任一非零元都有逆元,因而 $\mathbf{Z}_n$ 是域.▌

具有有限个元素的域称为有限域,而 $\mathbf{Z}_p$ 是最简单的有限域. 有限域理论在现代通信中有重要的应用.

2.1.2 华罗庚简介

华罗庚(1910—1985)是中国现代数学的奠基人之一,在数论、代数、多复变函数论等领域均有开创性贡献. 特别地,华罗庚在除环(又称为“体”)的研究方面取得了卓越的成就.

华罗庚在20世纪40年代提出了矩阵几何学,将几何方法引入除环上的矩阵空间研究,开创了非交换代数结构的新方向. 华罗庚对除环的代数结构进行了深入研究,尤其在自同构群和除环的分类方面取得重要进展. 另外,华罗庚与万哲先合作,在典型群(如正交群、辛群)的除环表示理论中取得突破,推动了编码理论与组合设计的应用.

习题 2.1

1. 满足 $a^2=a$ 的元素称为幂等元,满足 $a^n=0$(其中 $n\in\mathbf{Z}^+$)的元素称为幂零元. 证明:在一个整环中,除零元外无其他的幂零元,除零元与单位元外无其他的幂等元.

2. 确定 $M_n(\mathbf{Z})$中的幂零元.

3. 证明:在 $M_n(\mathbf{Z})$中每一个左零因子也是右零因子.

4. 假定一个环 R 对于加法来说构成一个循环群,证明:R 是一个交换环.

5. 证明:$F=\{a+b\sqrt{3}\mid a,b\in\mathbf{Q}\}$对普通加法和乘法来说是一个域.

6. 证明:一个非零的无零因子的有限环是域,从而有限整环是域.

7. 设 F 是一个域,证明:$A\in M_n(F)$是零因子的充分必要条件是 A 不可逆. 若 R 是一个交换环,则上述结论对 $M_n(R)$是否成立? 为什么?

8. 设 R 是一个有单位元的环,$a\in R$ 有右逆元,证明下列命题等价:

(1) a 有多于一个的右逆元;

(2) a 不是单位;

(3) a 是一个左零因子.

9. 证明:(Kaplansky 定理)设 R 是一个有单位元的环,如果 R 中元素 a 有多于一个的右逆元,则 a 必有无穷多个右逆元.

10. 证明：(华罗庚定理)设 R 是有单位元的环，a,b 是 R 中的可逆元，如果 $ab-1$ 可逆，则 $a-b^{-1}$ 和 $(a-b^{-1})^{-1}-a^{-1}$ 可逆且有等式

$$[(a-b^{-1})-a^{-1}]^{-1}=aba-a.$$

习题 2.1 参考答案

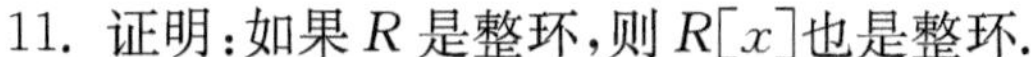

11. 证明：如果 R 是整环，则 $R[x]$ 也是整环.

2.2　子环、理想与商环

2.2.1　子环与理想

定义 2.2.1　设 R 是一个环，S 是 R 的子集，如果 S 在 R 的加法与乘法下仍是一个环，则称 S 是 R 的子环.

由定义 2.2.1 可知，$\{0\}$ 和 R 都是 R 的子环，这两个子环称为平凡子环. 对于一般的子集 S，我们可以利用下面的命题检验它是否成为子环.

命题 2.2.2　如果 S 是环 R 的子集，则 S 是 R 的子环的充分必要条件是 S 中的元素在减法与乘法下封闭，即对任意 $a,b\in S$，有 $a-b\in S$，$ab\in S$.

证明　显然只需证明充分性. 首先，由减法封闭知 S 是 $(R,+)$ 的加法子群. 其次，由乘法封闭知 R 中乘法是 S 中的二元运算. 另一方面，结合律和分配律在 S 中自然成立，故 S 是子环. ▌

例 2.2.3　(1) 整数环 $\mathbf{Z}$ 是 Gauss 整数环 $\mathbf{Z}[\mathrm{i}]$ 的子环.

(2) 环 R 上的全矩阵环 $M_n(R)$ 中的全体上(下)三角矩阵构成 $M_n(R)$ 的一个子环.

利用子环的定义不难验证环 R 中任意两个子环的交仍是 R 的子环. 重复利用此结论，易证 R 中包含某一子集 S 的所有子环的交仍是包含 S 的子环. 显然这是包含 S 的最小子环.

定义 2.2.4　环 R 中包含集合 S 的所有子环的交称为由 S 生成的子环.

定义 2.2.5　称环中的子集 $C=\{c\in R\mid cr=rc$，对任意 $r\in R\}$ 为 R 的中心.

命题 2.2.6　环 R 的中心 C 是一个子环.

证明　任取 $c_1,c_2\in C$，则

$$(c_1-c_2)r=c_1r-c_2r=rc_1-rc_2=r(c_1-c_2),$$
$$(c_1c_2)r=c_1(c_2r)=c_1(rc_2)=(c_1r)c_2=(rc_1)c_2=r(c_1c_2),$$

因此 $c_1-c_2,c_1c_2\in C$，由命题 2.2.2 可知 C 是 R 的子环. ▌

定义 2.2.7 设 I 是环 R 的一个子集. 如果 I 是 $(R,+)$ 的一个加法子群且对任意 $r\in R, a\in I$，总有 $ar\in I$，则称 I 是 R 的一个右理想；如果乘法满足 $ra\in I$，则称 I 是 R 的一个左理想；如果 I 同时是 R 的左理想和右理想，则称 I 是 R 的一个理想.

任何一个环 R 至少有两个理想：一个是零理想 $\{0\}$，另一个是 R 自身. 这两个理想称为平凡理想. 如果环 R 是交换环，则左理想也是右理想，也即是理想.

利用理想的定义，可以得到如下判断子集 I 成为理想的充分必要条件：I 是 R 的理想当且仅当对任意 $a, b\in I, r\in R$，有 $a-b\in I, ar, ra\in I$.

例 2.2.8 设 $R=M_n(F)$，F 是数域，则 R 是一个非交换环. 设 S 是所有上三角矩阵的集合，L 是从第二列到第 n 列全为零的矩阵的集合，M 是从第二行到第 n 行全为零的矩阵的集合，不难验证 S, L, M 都是子环，L 是左理想，M 是右理想，但 S 不是任何理想.

设 R 是一个环，a 是 R 中任意元素. 利用 a 构造一个集合：

$$A=\left\{\sum_{i=1}^{m} x_i a y_i+sa+at+na \,\middle|\, x_i, y_i, s, t\in R, n\in \mathbf{Z}\right\}.$$

直接验证可知 A 是一个理想，并称为由元素 a 生成的主理想，用符号 (a) 来表示.

当 R 是交换环时，有

$$(a)=\{ra+na \mid r\in R, n\in \mathbf{Z}\};$$

当 R 有单位元时，有

$$(a)=\left\{\sum_{i=1}^{m} x_i a y_i \,\middle|\, x_i, y_i\in R, m\in \mathbf{Z}^+\right\};$$

当 R 既是交换环又有单位元时，有

$$(a)=\{ra \mid r\in R\}.$$

例 2.2.9 在 $\mathbf{Z}$ 中整数 m 生成的理想为

$$(m)=\{km \mid k\in \mathbf{Z}\}=m\mathbf{Z}.$$

另一方面，由循环群 $\mathbf{Z}$(关于加法)的性质可知 $\mathbf{Z}$ 中任一理想都是主理想(见定理 1.8.4)，即都具有形如 (m) 的形式.

例 2.2.10 在 $(F[x],+,\cdot)$ 中元素 x 生成的理想为

$$\begin{aligned}F(x)&=\{xf(x) \mid f(x)\in F[x]\}\\&=\{a_1x+a_2x^2+\cdots+a_nx^n \mid a_i\in F, n\in \mathbf{Z}^+\}.\end{aligned}$$

我们可以将主理想的概念推广到任意有限个生成元的情形.

任取 $a_1,a_2,\cdots,a_m\in R$,定义集合

$$A=\{s_1+s_2+\cdots+s_m \mid s_i\in(a_i)\}.$$

易证 A 是 R 的一个理想(验证过程作为练习). 显然 A 是包含 $a_1,a_2,\cdots,a_m$ 的最小理想,称之为由 $a_1,a_2,\cdots,a_m$ 生成的理想,记作$(a_1,a_2,\cdots,a_m)$.

例 2.2.11　设 $\mathbf{Z}[x]$是整数环 R 上的一元多项式环,考察 $\mathbf{Z}[x]$的理想$(2,x)$. 因为 $\mathbf{Z}[x]$是有单位元的交换环,所以

$$\begin{aligned}(2,x)&=\{2p_1(x)+xp_2(x) \mid p_1(x),p_2(x)\in\mathbf{Z}[x]\}\\&=\{2a_0+a_1x+\cdots+a_nx^n \mid a_i\in\mathbf{Z},n\in\mathbf{Z}^+\}.\end{aligned}$$

下面我们证明$(2,x)$不是一个主理想.

证明　假如$(2,x)=(p(x))$是由 $p(x)$生成的主理想,那么 $2,x\in(p(x))$,从而存在$q(x),h(x)\in\mathbf{Z}[x]$,使得

$$2=q(x)p(x),\quad x=h(x)p(x).$$

前一个式子表明 $p(x)$是某个整数 a,将其带入第二个式子得 $x=ah(x)$,则 $a=\pm1$. 这样可得$\pm1=p(x)\in(2,x)$. 显然这是一个矛盾,因为它并不具有$(2,x)$中元素的形式.▌

2.2.2　商环

理想在环中的地位类似于正规子群在群中的地位,通过理想我们可以构造新的环.

设 R 是环,I 是 R 的一个理想,则 I 是加群$(R,+)$的正规子群,R 对 I 的加法商群为

$$R/I=\{r+I \mid r\in R\}.$$

记 $\bar{r}=r+I$. 按照前面定义的商群中的运算为

$$\bar{a}+\bar{b}=\overline{a+b},$$

再定义 R/I 中的乘法为

$$\bar{a}\cdot\bar{b}=\overline{ab}.$$

下面验证乘法的合理性.

如果 $\bar{a}_1=\bar{a}_2,\bar{b}_1=\bar{b}_2$,则 $a_1-a_2,b_1-b_2\in I$,于是存在 $x_1,x_2\in I$,使

$$a_1=a_2+x_1,\quad b_1=b_2+x_2,$$

从而 $a_1b_1=a_2b_2+x_1b_2+a_2x_2+x_1x_2$. 于是

$$a_1b_1-a_2b_2=x_1b_2+a_2x_2+x_1x_2\in I,$$

这就证明了$\overline{a_1b_1}=\overline{a_2b_2}$. 另一方面,易证 R/I 中结合律、分配律都成立,所以 R/I 成为一个环.

定义 2.2.12 设 R 是一个环,I 是 R 的一个理想,R 作为加群对 I 的商群 R/I 关于以上定义的加法和乘法构成的环称为 R 关于 I 的商环或 R 模 I 的剩余类环,仍记作 R/I.

例 2.2.13 设 $F[x]$是数域 F 上的多项式环,$p(x)$是 $F[x]$中的 n 次($n\geqslant1$)多项式,I 是 $p(x)$生成的理想,求 $F[x]$关于 I 的商环 $F[x]/I$.

解 因为 $F[x]$是有单位元的交换环,所以

$$I=(p(x))=\{f(x)p(x)\mid f(x)\in F[x]\},$$

故

$$F[x]/I=\{r(x)+I\mid r(x)\in F[x],r(x)=0\text{ 或 }\deg(r(x))<n\}.$$

上式除 $\deg(r(x))<n$ 外,其他都好理解. 下面我们来看为什么有这个限制.

考虑 $F[x]/I$ 中任一元素 $f(x)+I$,$f(x)\in F[x]$. 利用带余除法,存在 $g(x)$和 $r(x)$,使得

$$f(x)=q(x)p(x)+r(x),\quad \text{其中 } r(x)=0\text{ 或 }\deg(r(x))<n.$$

显然,$q(x)p(x)$是 I 中元素,所以

$$f(x)+I=q(x)p(x)+r(x)+I=r(x)+I.$$

于是,$F[x]/I$ 具有以上的形式.▌

例 2.2.14 设 $R=(\mathbf{Z},+,\cdot)$,$I=(n)$是由正整数 n 生成的理想,由例 1.5.15 知

$$R/(n)=\{i+(n)\mid 0\leqslant i\leqslant n-1\}=\mathbf{Z}_n.$$

定义 2.2.15 设 I 是环 R 的非平凡理想,如果除了 I 和 R 之外,没有包含 I 的理想,则称 I 是 R 的极大理想.

例 2.2.16 $(\mathbf{Z},+,\cdot)$中素数 p 生成的理想(p)是一个极大理想.

证明 设 I 是 $\mathbf{Z}$ 的一个理想,且满足$(p)\subsetneq I$,则 I 一定包含一个不能被 p 整除的整数 q. 由于 p 是素数,q 与 p 互素,所以存在整数 s 和 t,使得 $sp+tq=1$. 另一方面,因为 I 是理想且 p,q 都属于 I,故 $sp+tq=1$ 也属于 I. 这样 I 只能是 $\mathbf{Z}$.▌

定理 2.2.17　设 R 是有单位元的交换环，I 是 R 的一个极大理想，则 R/I 是一个域.

证明　R/I 的交换性是显然的. 下面我们验证 R/I 中有单位元且任一非零元都有逆元.

因为 R 中含有单位元 1，所以 $1+I\in R/I$. 又因为 $I\neq R$，故 $1\notin I$，所以 $1+I$ 不是 R/I 中的零元. 这就证明了 R/I 中有一个不等于零的单位元.

任取 $a+I$ 为 R/I 中的非零元. 令 $H=(a+I)R=aR+I$，因为 aR 和 I 都是 R 的理想，所以 H 也是 R 的理想. 另一方面，H 包含 I 且 $a\in H$ 但 $a\notin I$(否则 $\bar{a}=\bar{0}$)，故 H 真包含 I.

由 I 是极大理想可知 $R=H$，因而必有 $r\in I, i\in I$ 使 $ar+i=1$. 于是

$$(a+I)(r+I)=ar+I=1-i+I=1+I$$

为 R/I 中单位元，故 $a+I$ 为 R/I 中的可逆元. ▌

设 p 是一个素数，则由例 2.2.16 和定理 2.2.17 知 $\mathbf{Z}/(p)$ 是一个域.

习题 2.2

1. 证明：一个除环的中心是一个域.

2. 证明：有理数域 $\mathbf{Q}$ 是域 $R(\mathrm{i})=\{a+b\mathrm{i}\mid a,b\in\mathbf{Q}\}$ 的唯一的真子域.

3. 设 $\mathbf{Z}$ 是整数环，证明：3 和 8 生成的理想 $(3,8)$ 就是整数环 $\mathbf{Z}$.

4. 证明：如果将例 2.2.11 中的环 $\mathbf{Z}[x]$ 改为 $\mathbf{Q}[x]$，$\mathbf{Q}$ 为有理数域，则 $(2,x)$ 是一个主理想.

5. 找出模 6 的剩余类环的所有理想.

6. 设 $\mathbf{Z}[\mathrm{i}]$ 是高斯整环，$(2+\mathrm{i})$ 是 $2+\mathrm{i}$ 生成的主理想. 证明：$\mathbf{Z}[\mathrm{i}]/(2+\mathrm{i})$ 是域.

7. 设 $a_1,a_2,\cdots,a_m$ 是环 R 中的元素，定义

$$A=\{s_1+s_2+\cdots+s_m\mid s_i\in(a_i)\}.$$

证明：A 是 R 的一个理想；如果 R 是交换环，则

$$A=\left\{\sum_{i=1}^{m} r_i a_i+\sum_{i=1}^{m} n_i a_i\,\middle|\, n_i\in\mathbf{Z}, r_i\in R, m\in\mathbf{Z}^+\right\};$$

如果 R 还有单位元，则

$$A=\left\{\sum_{i=1}^{n} r_i a_i\,\middle|\, r_i\in R, n\in\mathbf{Z}^+\right\}.$$

8. 设 I 是 R 的理想，令

$$r(I)=\{x\in R\mid xa=0,\text{对任意 } a\in I\},$$

证明：$r(I)$是 R 的理想.

9. 设 F 是一个数域，$M_n(F)$是 F 上的 n 阶全矩阵环，证明：$M_n(F)$的中心是对角线上元素相同的对角矩阵所构成的子环.

10. 设 R 是一个环，I 是 R 的左理想或右理想，证明：若 I 含有一个可逆元，则 $I=R$.

11. 证明 $\mathbf{Q}(\sqrt{2})=\{a+b\sqrt{2}\mid a,b\in\mathbf{Q}\}$是实数域 $\mathbf{R}$ 的子域，并求 $\mathbf{Q}(\sqrt{2})$的全部子域.

习题 2.2 参考答案

2.3 环同态

正如在群论中我们研究群同态的目的一样，在环论中我们也通过环同态来研究两个环之间的关系.

2.3.1 同态的概念和性质

定义 2.3.1 设 R_1 和 R_2 是两个环，如果有一个映射 $f:R_1\to R_2$ 满足

$$f(a+b)=f(a)+f(b),\quad \text{对任意 } a,b\in R_1,$$
$$f(ab)=f(a)f(b),\quad \text{对任意 } a,b\in R_1,$$

则称 f 是一个 R_1 到 R_2 的环同态.

如果 f 是一个单射（满射、双射），则称 f 是一个单同态（满同态、同构）. 如果 f 是同构，则记 $R_1\cong R_2$.

定义 2.3.2 设 $f:R_1\to R_2$ 是一个环同态，则称

$$\mathrm{Ker}f=\{x\in R_1\mid f(x)=0\},\quad \mathrm{Im}f=\{f(r)\mid r\in R_1\}$$

分别为 f 的同态核和同态像.

命题 2.3.3 $f:R_1\to R_2$ 是一个环同态，则 $\mathrm{Ker}f$ 是 R_1 的理想，$\mathrm{Im}f$ 是 R_2 的子环.

证明 首先，由群论中的知识知 $\mathrm{Ker}f$ 是 R_1 的加法子群. 其次，对任意 $r\in R_1$，$a\in\mathrm{Ker}f$，有

$$f(ra)=f(r)f(a)=f(r)0=0.$$

同理，$f(ar)=0$. 因此 $ra,ar\in\mathrm{Ker}f$，从而 $\mathrm{Ker}f$ 是 R_1 的理想.

任取 $x,y\in\mathrm{Im}f$，则存在 $r_1,r_2\in R_1$，使得 $x=f(r_1)$，$y=f(r_2)$. 于是

$$x-y=f(r_1-r_2)\in \mathrm{Im}f,\quad xy=f(r_1r_2)\in \mathrm{Im}f,$$

由命题 2.2.2 知 $\mathrm{Im}f$ 是 R_2 的子环. ▌

以下环同态结论的证明类似于群论中相似定理的证明,请读者自己完成.

命题 2.3.4　设 I 是环 R 的理想,则 $f:R\to R/I, f(r)=r+I$ 是环同态,称之为环自然同态.

定理 2.3.5(同态基本定理)　设 $f:R_1\to R_2$ 是满同态,$K=\mathrm{Ker}f$,则

$$g:R_1/K\to R_2,\quad g(a+K)=f(a)$$

是一个环同构.

设 $\pi:R_1\to R_1/K, \pi(a)=a+K$ 是自然同态,则 $f=g\pi$.

推论 2.3.6　设 $f:R_1\to R_2$ 是一个环同态,则

$$R_1/\mathrm{Ker}f\cong \mathrm{Im}f=\{f(r)\mid r\in R_1\}.$$

若 $f:R_1\to R_2$ 是单同态,则 $R_1=R_1/K\cong \mathrm{Im}f$. 此时称 f 将 R_1 同构嵌入到 R_2 中.

例 2.3.7　设映射 $f:M_2(\mathbf{R})\to M_3(\mathbf{R})$ 为

$$f\left[\begin{pmatrix} a & b \\ c & d \end{pmatrix}\right]=\begin{pmatrix} a & b & 0 \\ c & d & 0 \\ 0 & 0 & 0 \end{pmatrix}$$

易证 f 是一个单的环同态,则 $\mathrm{Im}f\cong M_2(\mathbf{R})$. 这样,$f$ 就将 $M_2(\mathbf{R})$ 嵌入到 $M_3(\mathbf{R})$ 中.

定理 2.3.8(子环(理想)对应定理)　设 $f:R_1\to R_2$ 是一个满同态,$K=\mathrm{Ker}f$,S_1 是 R_1 中所有包含 K 的子环的集合,S_2 是 R_2 中所有子环的集合,则映射

$$g:S_1\to S_2,\quad g(H)=f(H)$$

是一个双射. 特别地,对理想有类似的性质.

证明　设 H 是 S_1 中元素. 任取 $f(h_1), f(h_2)\in f(H)$,则

$$f(h_1)-f(h_2)=f(h_1-h_2)\in f(H),$$
$$f(h_1)f(h_2)=f(h_1h_2)\in f(H),$$

所以 $f(H)$ 是子环.

反之,定义映射

$$g^{-1}:S_2\to S_1,\quad g^{-1}(H')=\{r\mid f(r)\in H'\}.$$

任取 $r_1, r_2\in g^{-1}(H')$,则 $f(r_1), f(r_2)\in H'$,于是

$$f(r_1)-f(r_2)=f(r_1-r_2)\in H',$$

从而 $r_1-r_2\in g^{-1}(H')$；又

$$f(r_1)f(r_2)=f(r_1r_2)\in H',$$

从而 $r_1r_2\in g^{-1}(H')$. 因此，$g^{-1}(H')$是 R_1 的子环. 而 $g^{-1}(H')$包含 K 是显然的. 这就证明了映射 g 和 g^{-1}的合理性.

最后，有

$$g^{-1}[g(H)]=\{r\in R\mid f(r)\in f(H)\}=H,$$
$$g[g^{-1}(H')]=f[g^{-1}(H')]=f[\{r\in R\mid f(r)\in H'\}]=H',$$

于是 g 是一个双射(对 S_1,S_2 是理想集合时的证明留作练习).▌

例 2.3.9 计算 $\mathbf{Z}_{12}$到 $\mathbf{Z}_6$ 的所有环同态.

解 为区别起见，我们记

$$\mathbf{Z}_{12}=\{0,1,\cdots,11\},\quad \mathbf{Z}_6=\{[0],[1],\cdots,[5]\}.$$

设 f 是 $\mathbf{Z}_{12}$到 $\mathbf{Z}_6$ 的一个映射，并令 $f(1)=[k]$，则

$$f(n)=f(1)+\cdots+f(1)=[k]+\cdots+[k]=[nk].$$

由于 n 的表达式不唯一，故还需检验 f 是映射.

如果 $n_1,n_2\in\mathbf{Z}_{12}$满足 $n_1=n_2$，则 $12\mid n_1-n_2$，故 $6\mid n_1-n_2$，于是$[n_1]=[n_2]$，从而推出$[n_1k]=[n_2k]$. 这就证明了 f 是 $\mathbf{Z}_{12}$到 $\mathbf{Z}_6$ 的映射. 下面确定$[k]$的值.

因为

$$f(1)=f(1\cdot 1)=f(1)f(1)=[k][k]=[k],$$

所以有方程

$$[k]([k]-[1])=[0].$$

此方程在 $\mathbf{Z}_6$ 中有解$[k]=[0],[1],[3]$和$[4]$，故 f 有如下四种情形：

$$f_1(n)=[0],\quad f_2(n)=[n],\quad f_3(n)=[3n],\quad f_4(n)=[4n].$$▌

2.3.2 中国剩余定理介绍

中国剩余定理的最早记载可追溯到南北朝时期的数学著作《孙子算经》. 书中提出一个经典问题："今有物不知其数，三三数之剩二，五五数之剩三，七七数之剩二，问物几何？"此题相当于求解如下的同余方程组：

$$\begin{cases} x\equiv 2(\bmod 3), \\ x\equiv 3(\bmod 5), \\ x\equiv 2(\bmod 7). \end{cases}$$

在西方，同余的概念直到 17 世纪才在 Fermat 小定理中出现.

宋代数学家秦九韶在《数书九章》中系统化解决了更一般的同余方程组问题. 他提出的一种构造性方法称为“大衍求一术”，能够求解模数两两互质时的线性同余方程组，标志着中国剩余定理从具体实例向普适算法的跨越. 在西方，这一方法直到 19 世纪才由高斯等人发现.

以下经典形式的中国剩余定理由秦九韶给出，其证明可参考数论教材.

定理 2.3.10（中国剩余定理）　设 $m_1, m_2, \cdots, m_n$ 是两两互素的正整数，则对任意的 $a_1, a_2, \cdots, a_n \in \mathbf{Z}$，同余方程组

$$\begin{cases} x\equiv a_1(\bmod m_1), \\ x\equiv a_2(\bmod m_2), \\ \quad\vdots \\ x\equiv a_n(\bmod m_n) \end{cases}$$

的解为

$$x\equiv\sum_{i=1}^{n} a_i M_i M_i^* \ (\bmod M),$$

其中 $M=\prod_{i=1}^{n} m_i, M_i=\dfrac{M}{m_i}, M_i^*\in\mathbf{Z}$ 且 $M_iM_i^*=1(\bmod m_i)$.

整数环上的中国剩余定理可推广到一般的含单位元的交换环上，其证明可参考文献[1].

定理 2.3.11（环论形式的中国剩余定理）　设 R 为含单位元的环，$I_1, I_2, \cdots, I_n$ 是 R 中两两互素的理想（即对任意 $i\neq j$，有 $I_i+I_j=R$），则有以下环同构：

$$R/(I_1\cap I_2\cap\cdots\cap I_n)\cong\prod_{i=1}^{n} R/I_i.$$

习题 2.3

1. 设 $R(\mathrm{i})=\{a+b\mathrm{i}\mid a,b\in\mathbf{Q}\}$，证明：$R(\mathrm{i})$ 有且仅有两个自同构映射.

2. 找出环 $\mathbf{Z}_n$ 的所有自同态.

3. 利用同态基本定理证明：

(1) $\mathbf{R}[x]/(x^2+1)\cong\mathbf{C}$；

(2) $F[x]/(x)\cong F$,其中 F 为数域.

4. 将复数域($\mathbf{C}$,+,·)同构嵌入到 $M_2(\mathbf{R})$中.

5. 证明:除环的任一非零自同态总是单同态.

6. 设 I 是有单位元的环 R 的理想,n 是一个自然数,证明:

$$M_n(R)/M_n(I)\cong M_n(R/I).$$

7. 设 m,n 是自然数,求证:存在从环 $\mathbf{Z}_n$ 到环 $\mathbf{Z}_m$ 的满同态的充要条件是 $m|n$.

8. 设 m,n 是自然数,证明:若 m 和 n 互素,则从环 $\mathbf{Z}_n$ 到环 $\mathbf{Z}_m$ 的同态只有零同态.

9. 环 R 中非零元 a 称为幂零元,即存在某个自然数 n 使 $a^n=0$. 证明:若 R 是交换环,R 中全体幂零元集合 N 是 R 的一个理想且 R/N 是一个没有幂零元的环.

10. (域上一元多项式环上的中国剩余定理)设 $m_1(x),m_2(x),\cdots,m_n(x)$ 是域 F 上一元多项式环 $F[x]$ 中两两互素的多项式,证明:对任意给定的多项式 $f_1(x)$, $f_2(x),\cdots,f_n(x)\in F[x]$,存在唯一的次数小于

$$\deg(m_1(x))+\deg(m_2(x))+\cdots+\deg(m_n(x))$$

的多项式 $f(x)\in F[x]$,使得

$$f(x)\equiv f_i(x)(\bmod m_i(x))\quad(1\leqslant i\leqslant n).$$

习题 2.3 参考答案

2.4 特征与分式域

2.4.1 环的特征

在一个模 p(p 是素数)的剩余类环 $\mathbf{Z}_p$ 中有这样一种现象:对于任意$[0]\neq[a]\in\mathbf{Z}_p$,$p[a]=[pa]=[0]$,所以$[a]$关于加法的阶整除 p,而 p 是素数,因此$[a]$关于加法的阶就是 p,从而 $\mathbf{Z}_p$ 中非零元关于加法的阶都相同. 这一现象在一般的环中是否成立呢?

设 R 是任意一个环,则 R 中元素关于加法是一个交换群. 显然一个交换群中元素的阶不一定相同. 比如在 $\mathbf{Z}_6$ 中$[2]$的阶是 3,而$[3]$的阶是 2. 那么,在什么样的环中元素关于加法的阶才相同呢? 下面我们就来研究这个问题.

引理 2.4.1 在一个没有零因子的环 R 中,所有不等于零的元关于加法的阶都是一样的.

证明 如果 R 的每一个不等于零的元的阶都是无限大,那么引理成立. 现假设 R 的某一个非零元 a 的阶是有限整数 n,而 b 是另一个不等于零的元,于是

$$(na)b=a(nb)=0.$$

由于 $a\neq 0$，R 无零因子，可得 $nb=0$，于是 b 的阶小于等于 a 的阶. 类似可得 a 的阶小于等于 b 的阶. 这样就证明了 a 和 b 的阶相等. ▌

定理 2.4.2　如果无零因子环 R 中非零元对加法来说相同的阶是有限整数 n，那么 n 是一个素数.

证明　如果 n 不是素数，则 n 可分解成两个都不为 ± 1 的整数 n_1 和 n_2 之积，即 $n=n_1n_2$. 对于 R 的任一个不等于零的元素 a 来说，$n_1a\neq 0$，$n_2a\neq 0$，但

$$(n_1a)(n_2a)=(n_1n_2)a^2=na^2=0.$$

这与 R 没有零因子矛盾. ▌

定义 2.4.3　如果无零因子环 R 的非零元对加法来说相同的阶是素数 p，则称环 R 的特征是 p；如果无零因子环 R 的非零元对加法来说相同的阶是无穷大，则称环 R 的特征是 0.

在一个特征为 p 的交换环里有一个有趣的二项式展开公式：

$$(a+b)^p=a^p+b^p.$$

这是因为

$$(a+b)^p=a^p+\mathrm{C}_p^1a^{p-1}b+\cdots+\mathrm{C}_p^{p-1}ab^{p-1}+b^p$$

的系数 $\mathrm{C}_p^i(i=0,1,\cdots,p)$ 是 p 的一个倍数.

例 2.4.4　特征为 p 的任意域必含有一个最小子域同构于 $\mathbf{Z}_p$.

证明　设 F 是特征为 p 的域，$\overline{1}$ 是 F 的单位元. 考虑由 $\overline{1}$ 生成的 F 的子域

$$F_0=\{\overline{0},\overline{1},\overline{2},\cdots,\overline{p-1}\},$$

这里 $\overline{k}=k\cdot\overline{1}$. 由于 F 的任意一个子域都必须包含单位元 $\overline{1}$，因此也必须包含 F_0，即 F_0 是最小的子域. 作映射 $\varphi:\mathbf{Z}_p\to F_0$，$\varphi([k])=\overline{k}$，易证这是一个同构. ▌

这个最小的域称为特征为 p 的素域，它是特征为 p 的域中最简单的一个域.

2.4.2　整环的分式域

设 R 是一个整环，F 是包含 R 的最小的域. 对 R 中任何一个非零元 a，在 F 中有逆元 a^{-1}. 因而对任意 $b\in R$，有 $a^{-1}b\in F$. 记

$$\frac{b}{a}=a^{-1}b\quad(a\neq 0),$$

则形式为$\frac{b}{a}$的元素均在 F 中. 反之,下面的定理证明 F 中元素均可表示为$\frac{b}{a}$的形式.

定理 2.4.5 设 R 是一个整环,则包含 R 的最小域可表示为

$$F=\left\{\frac{b}{a}\,\middle|\,a,b\in R \text{ 且 } a\neq 0\right\},$$

其中$\frac{b}{a}=a^{-1}b$,并称 F 是 R 的分式域.

证明 首先证明 F 是域. 由$\frac{b}{a}$的定义可得如下的运算性质(请读者自证):

$$\frac{b_1}{a_1}=\frac{b_2}{a_2}\Leftrightarrow a_1b_2=a_2b_1,\quad -\frac{b}{a}=\frac{-b}{a},\quad \frac{ab}{a}=b,$$

$$\frac{b_1}{a_1}+\frac{b_2}{a_2}=\frac{a_1b_2+a_2b_1}{a_1a_2},\quad \frac{b_1}{a_1}\cdot\frac{b_2}{a_2}=\frac{b_1b_2}{a_1a_2}.$$

根据这些性质易验证 F 是一个交换环.

对任何非零元 $a,b\in R$,$\frac{a}{a}=\frac{b}{b}$,故可令 $e=\frac{a}{a}(a\neq 0)$,则任取$\frac{y}{x}\in F$,有

$$e\cdot\frac{y}{x}=\frac{ay}{ax}=\frac{y}{x},$$

所以 e 是 F 中单位元. 另外,$\frac{b}{a}\cdot\frac{a}{b}=\frac{ab}{ab}=e$,所以$\left(\frac{b}{a}\right)^{-1}=\frac{a}{b}$,即 F 中非零元都有逆元,所以 F 是域.

又因为对任意 $x\in R$,可任取 $a\neq 0$,使 $x=\frac{ax}{a}\in R$,故 F 包含 R.

最后设 T 是另一个包含 R 的域,则 T 包含 R 中的所有非零元的逆元,从而包含形如 $a^{-1}b$ 的元素,其中 $a,b\in R,a\neq 0$. 因此,T 一定包含 F. 这就证明了 F 的最小性。▌

例 2.4.6 求 Gauss 整环 $\mathbf{Z}[\mathrm{i}]$的分式域.

解 $\mathbf{Z}[\mathrm{i}]$的分式域中刚好包含如下元素:

$$\frac{a+b\mathrm{i}}{c+d\mathrm{i}},\quad a,b,c,d\in\mathbf{Z} \text{ 且 } c^2+d^2\neq 0.$$

又因为

$$\frac{a+b\mathrm{i}}{c+d\mathrm{i}}=\frac{ac+bd}{c^2+d^2}+\frac{bc-ad}{c^2+d^2}\mathrm{i},$$

所以 $\mathbf{Z}[\mathrm{i}]$的分式域中元素为 $x+y\mathrm{i}$ 的形式,其中 x,y 为有理数.▌

习题 2.4

1. 假定 F 是一个有四个元的域，证明：

(1) F 的特征是 2；

(2) F 的不等于 0 或 1 的两个元都适合方程 $x^2=x+1$.

2. 设 R 是一个特征为 p 的交换环，证明：对 R 中任意元素 $a_1,a_2,\cdots,a_m$，有

$$(a_1+a_2+\cdots+a_m)^p=a_1^p+a_2^p+\cdots+a_m^p.$$

3. 求整环 $\mathbf{Z}[x]$和偶数环的分式域.

4. 证明：一个域的分式域是它自己.

5. 设 R_1 和 R_2 是同构的整环，F_1 和 F_2 分别是 R_1 和 R_2 的分式域，证明：F_1 和 F_2 也同构(该结论表明整环的分式域在同构意义下是唯一的).

6. 设 $g(x)$是 $\mathbf{Z}_p[x]$中的多项式，证明：$[g(x)]^p=g(x^p)$.

7. 记 $\mathbf{Z}_{12}=\{0,1,2,\cdots,11\}$，设

$$f(x)=2x^3+7x^2+3x+1 \quad 和 \quad g(x)=6x^2+x+4$$

是 $\mathbf{Z}_{12}[x]$中的多项式，试计算 $f(x)g(x)$和 $f(x)+g(x)$.

8. 设环 R 是有限整环且至少含两个元素，证明：R 是域.

9. 设环 R 至少含两个元素且对任意一个非零元 a，总存在唯一的元素 b，使 $aba=a$，证明：R 是除环.

习题 2.4 参考答案

2.5　整环中的因子分解

2.5.1　整除与素元

首先，我们将整数中的整除与素数这两个概念推广到一般整环上.

定义 2.5.1　设 R 是一个整环，$a,b\in R$.

(1) 若有 $c=ab$，则称 a 是 c 的因子，c 是 a 的倍元，并称 a 整除 c，记作 $a|c$；

(2) 若 $a|b$ 且 $b|a$，则称 a 与 b 相伴，其中一个称为另一个的相伴元，记作 $a\sim b$；

(3) 若 $c=ab$ 且 a 与 b 都不是可逆元，则称 a 与 b 是 c 的真因子.

下面我们针对以上定义做一些探讨.

命题 2.5.2　设 R 是一个整环，$a,b\in R$.

(1) 可逆元是任何元素的因子；

(2) 整除关系满足传递性；

(3) 两元素相伴的充分必要条件是它们之间相差一个可逆元作为因子；

(4) 可逆元无真因子且所有可逆元都与 1 相伴；

(5) 元素 0 是任何元素的倍元；

(6) 单位元是任何元素的因子；

(7) 相伴关系是等价关系.

证明 这里只证(1)～(4)，其他比较简单，留给读者自证.

(1) 任取环 R 中的可逆元 u，有 $a=u(u^{-1}a)$，从而 u 是 a 的因子.

(2) 设 $a|b,b|c$，则存在 $d,e\in R$ 使得 $b=ad,c=be$，从而 $c=ade$，故 $a|c$.

(3) 设 $a\sim b$，则存在 $u,v\in R$ 使 $a=ub,b=va$，从而 $a=uva$. 由于 R 是整环，消去律成立，从而 $uv=1$，所以 u 和 v 都是可逆元.

(4) 设 u 是 R 中可逆元且 $u=ab$，则 $u^{-1}ab=a(u^{-1}b)=(u^{-1}a)b=1$，所以 a,b 都是可逆元. 最后，$u=u1,1=uu^{-1}$，故 $u\sim 1$. ▌

定义 2.5.3 若 $p\in R$ 既不是零元，也不是可逆元，且 p 无真因子，则称 p 是素元.

在一个整环中，要确定一个元素是否为素元并不是一件简单的事. 如在 Gauss 整环中，素数 2 就不是素元，因为 $2=(1+\mathrm{i})(1-\mathrm{i})$，其中 $1+\mathrm{i},1-\mathrm{i}$ 均不可逆，从而是 2 的真因子.

例 2.5.4 设 $\mathbf{Z}[\sqrt{-3}]=\{a+b\sqrt{-3}\,|\,a,b\in\mathbf{Z}\}$，证明：

(1) R 中可逆元只有 1 和 -1；

(2) 满足条件 $|u|^2=4$ 的元 u 一定是素元，其中 $|u|$ 是 u 的模.

证明 (1) 设 $u=a+b\sqrt{-3}$ 是 R 中的可逆元，则存在 $u'\in\mathbf{Z}[\sqrt{-3}]$，使得 $uu'=1$，于是 $1=|u|^2|u'|^2$. 但 $|u|^2=a^2+3b^2$ 是一个正整数，同样 $|u'|^2$ 也是一个正整数，因此 $|u|^2=1$. 于是 $a=\pm1,b=0$，从而可逆元只能是 ±1.

(2) 由(1)知 u 既不是零元又不是可逆元. 假定 $v=a+b\sqrt{-3}$ 是 u 的因子，则存在 $v'\in\mathbf{Z}[\sqrt{-3}]$ 使得 $u=vv'$，从而 $4=|v|^2|v'|^2$. 但不管 a,b 取什么整数，$|v|^2=a^2+3b^2$ 都不能为 2，因此 $|v|^2=1$ 或 4. 若 $|v|^2=1$，则由(1)知 v 是可逆元；若 $|v|^2=4$，那么 $|v'|^2=1$，从而 v' 是可逆元，此时 $v=v'^{-1}u$ 是 u 的相伴元. 因此 u 没有真因子，从而是素元. ▌

2.5.2 最大公因子

定义 2.5.5 设 a,b 是整环 R 中的元素，如果 $d\in R$ 满足：

(1) $d|a,d|b$；

(2) 若有 d' 满足 $d'|a,d'|b$，则 $d'|d$，

则称 d 是 a 和 b 的最大公因子，并记作 $d=(a,b)$.

命题 2.5.6　设 a,b,c 是整环 R 中的任意元素，则

(1) a,b 的任意两个最大公因子是相伴的；

(2) $(0,a)=a$；

(3) 若 b 是可逆元，则 (a,b) 与单位元 1 相伴；

(4) $(a,(b,c))$ 和 $((a,b),c)$ 相伴；

(5) $c(a,b)$ 和 (ca,cb) 相伴.

证明　这里只证(4)和(5)，其他留作练习.

(4) 设 $d_1=(a,(b,c))$，$d_2=((a,b),c)$，则由 $d_1|a$ 和 $d_1|(b,c)$ 可得

$$d_1|a,\quad d_1|b,\quad d_1|c,$$

从而 $d_1|(a,b)$，$d_1|c$. 于是 $d_1|((a,b),c)=d_2$. 类似可证 $d_2|d_1$，所以 d_1 和 d_2 相伴.

(5) 设 $d=(a,b)$，$d_1=c(a,b)=cd$，$d_2=(ca,cb)$，则由 $d_1=cd|ca$ 和 $d_1|cb$，得 $d_1|d_2$. 又设 $d_2=ud_1$，$ca=xd_2$，则由 $ca=xud_1=xucd$，得 $a=xud$. 类似地，若令 $cb=yd_2$，可得 $b=yud$，所以 $ud|(a,b)=d$. 从而 u 是可逆元，即 d_1 和 d_2 相伴. ▌

定义 2.5.7　设 R 为整环，$a,b\in R$，若 $(a,b)\sim 1$，则称 a 和 b 互素.

命题 2.5.8　设 R 为整环，$a,b,c\in R$，则由 $(a,b)\sim 1$ 和 $(a,c)\sim 1$ 可得 $(a,bc)\sim 1$.

证明　利用命题 2.5.6(5)以及 $(a,b)\sim 1$ 和 $(1,c)\sim 1$ 可得

$$(ac,bc)\sim c \quad 和 \quad (a,ac)\sim a,$$

因此

$$1\sim(a,c)\sim(a,(ac,bc))\sim((a,ac),bc)\sim(a,bc),$$

其中第 3 个相伴关系由命题 2.5.6(4) 得到. ▌

命题 2.5.9　设 R 为整环且 R 中任何两个元素均有最大公因子存在，p 是 R 中的素元，则 $p|ab$ 时必有 $p|a$ 或 $p|b$.

证明　假如 $p\nmid a$ 且 $p\nmid b$，则 $(p,a)\sim 1$ 且 $(p,b)\sim 1$. 由命题 2.5.8 知

$$(p,ab)\sim 1,$$

这与 $p|ab$ 矛盾.

在一个环中，并非任两个元素都有最大公因子. 如在 $\mathbf{Z}[\sqrt{-3}]$ 中，取

$$a=2(1+\sqrt{-3}),\quad b=4=(1+\sqrt{-3})(1-\sqrt{-3}),$$

则 $d_1=2$，$d_2=1+\sqrt{-3}$ 都是 a 和 b 的公因子，且无其他非可逆的公因子. 但 $d_1\nmid d_2$ 且 $d_2\nmid d_1$，所以 a 和 b 无最大公因子. ▌

一个环中是否任意两个元素都有最大公因子与环的性质有关. 下一节我们将讨论这一问题.

习题 2.5

1. 设 $\mathbf{Z}[\sqrt{-5}]=\{a+b\sqrt{-5}\mid a,b\in\mathbf{Z}\}$.

(1) 求 $\mathbf{Z}[\sqrt{-5}]$中的可逆元;

(2) 证明:3 是 $\mathbf{Z}[\sqrt{-5}]$中的素元;

(3) 证明:$3(2+\sqrt{-5})$和 9 在 $\mathbf{Z}[\sqrt{-5}]$中无最大公因子;

(4) 讨论 2,27,$2-\sqrt{-5}$,$6+\sqrt{-5}$中哪些是素元.

2. 证明:如果 Gauss 整数环 $\mathbf{Z}[\mathrm{i}]$中的元素 $a+b\mathrm{i}$ 满足 a^2+b^2 为素数,则 $a+b\mathrm{i}$ 是 $\mathbf{Z}[\mathrm{i}]$中的素元.

3. 令 $K=\left\{\frac{m}{2^n}\middle| m \text{ 为整数}, n \text{ 为非负整数}\right\}$,试确定 K 中的可逆元和素元.

4. 设 p 是整环 R 的一个素元,ε 是 R 的一个可逆元,证明:εp 是 R 的一个素元.

5. 证明:在整环 $\mathbf{Z}[\sqrt{-5}]$中,元素 $2+\sqrt{-5}$不能整除 7.

6. 试指出多项式环 $\mathbf{Q}[x]$和 $\mathbf{Z}[x]$中可逆元和素元分别是什么.

7. 在 $\mathbf{Z}_3[x]$中分解多项式 $x^2+[2]$.

习题 2.5 参考答案

2.6 唯一分解整环

在上一节,我们知道环 $\mathbf{Z}[\sqrt{-3}]$中的元素

$$4=2\times 2=(1+\sqrt{-3})(1-\sqrt{-3})$$

存在两种素元分解. 此种情况的出现,会给我们在诸如方程求解、最大公因子计算等方面带来不便. 本节我们将讨论整环中的一个元素能否唯一分解为素元乘积的问题.

2.6.1 唯一分解整环

定义 2.6.1 设 R 是一个整环,我们称 R 是一个唯一分解整环,即若对 R 中任意非零非可逆的元 a:

(1) a 可以分解为有限个素元的乘积 $a=p_1\cdots p_s$;

(2) 如果 $p_1\cdots p_s=q_1\cdots q_t$ 是 a 的两个素元分解,则 $s=t$,并且适当重排次序后

可使 p_i 和 q_i 相伴($i=1,2,\cdots,s$).

在唯一分解整环中,我们可以如整数一样讨论最大公因子.

定理 2.6.2　设 R 是唯一分解整环,则 R 中任意两个不全为 0 的元素均有最大公因子.

证明　不妨假设 a,b 是 R 中任意两个都不为 0 的元素,否则非零的那个元素就是它们的最大公因子. 于是,a 和 b 可唯一分解为素元之积:

$$a=\alpha p_1^{k_1}\cdots p_s^{k_s},\quad b=\beta p_1^{m_1}\cdots p_s^{m_s},$$

其中,$p_1,\cdots,p_s$ 为互不相伴的素数;$k_i,m_i(i=1,2,\cdots,s)$ 为非负整数;α,β 为可逆元. 取 $e_i=\min\{k_i,m_i\},i=1,2,\cdots,s,d=p_1^{e_1}\cdots p_s^{e_s}$. 显然有 $d|a,d|b$. 如果 d' 也满足 $d'|a,d'|b$,则存在 c 使 $a=cd'$. 由 a 的分解式的唯一性知

$$d'=\gamma p_1^{n_1}\cdots p_s^{n_s}\quad (0\leqslant n_i\leqslant k_i \text{ 且 } i=1,2,\cdots,s),$$

其中 γ 为可逆元. 同理可证 $n_i\leqslant m_i,i=1,2,\cdots,s$. 于是 $d'|d$,从而 d 是 a 和 b 的最大公因子. ▌

下面我们讨论一个环满足什么条件才是唯一分解整环.

定理 2.6.3　设 R 是一个整环,则下列两个命题等价:

(1) R 是唯一分解整环;

(2) R 中任何真因子序列 $a_1,a_2,\cdots,a_i,\cdots$(其中 a_{i+1} 是 a_i 的真因子)只能含有有限项,且 R 中任何两个不全为零的元素都有最大公因子.

证明　(1) ⇒ (2):由于 R 是唯一分解整环,a_1 只能分解为有限个元素之积,即 a_1 的真因子个数是有限的,因而真因子序列只有有限项. 另外,由定理 2.6.2 可知 R 中任何两个元素都有最大公因子.

(2) ⇒ (1):设 a 是 R 中非零非可逆元. 首先证明 a 可分解为有限个素元的乘积. 若 a 是素元,直接得证. 否则 a 可表示为 $a=p_1a_1$,其中 p_1 为素元,a_1 为 a 的真因子. 再对 a_1 做同样的分析,可得 a_1 或是素元,或 $a_1=p_2a_2$,其中 p_2 为素元,a_2 为 a_1 的真因子. 如此下去,可得真因子序列 $a,a_1,a_2,\cdots$. 由条件知真因子序列只有有限项,故可设 $a_s=p_{s+1}$ 是素元,则

$$a=p_1p_2\cdots p_sp_{s+1}.$$

下证分解式的唯一性. 设 $a=p_1p_2\cdots p_s=q_1q_2\cdots q_t$,对 s 使用数学归纳法.

当 $s=1$ 时,$a=p_1$ 为素元,不可能再分解成两个以上素元的乘积,故

$$t=1,\quad a=p_1=q_1.$$

假设结论对 $s-1$ 成立. 因为 $a=p_1p_2\cdots p_s=q_1q_2\cdots q_t$，故 $p_1\mid q_1q_2\cdots q_t$. 由于 p_1 是素元，由命题 2.5.9 可知必有某个 q_k 使得 $p_1\mid q_k$. 由于 q_i 的次序可以任意排列，不妨设 $p_1\mid q_1$. 又因为 q_1 也是素元，所以存在可逆元 α 使得 $q_1=\alpha p_1$. 将 $q_1=\alpha p_1$ 代入 a 的两个分解式中并消去 p_1，得 $p_2p_3\cdots p_s=(\alpha q_2)q_3\cdots q_t$. 由归纳假设即得 $s=t$，并适当排列次序后知 p_i 和 $q_i(i=2,3,\cdots,s)$ 相差一个可逆元. 加上前面的 $q_1=\alpha p_1$，则此结论对任何正整数 s 均成立. ▌

2.6.2 主理想整环和欧氏环

下面讨论两类重要的唯一分解环.

定义 2.6.4 如果整环 R 中的每个理想都是主理想，则称此环为主理想整环.

定理 2.6.5 主理想整环是唯一分解环.

证明 设 R 是一个主理想整环，a 是 R 中非零非可逆元. 我们首先证明 a 的任意真因子链是有限的. 用反证法. 设有一个无限的真因子链

$$a=a_0,a_1,a_2,\cdots,$$

其中 a_{i+1} 是 a_i 的真因子，则对应一个真理想序列

$$(a_0)\subset(a_1)\subset(a_2)\subset\cdots.$$

令 $I=\bigcup\limits_{i=0}^{\infty}(a_i)$，则 I 也是 R 的一个理想. 由于 R 是主理想整环，所以存在元素 $r\in R$ 使 $I=(r)$. 因为 $r\in I$，可设存在某个 k 使得 $r\in(a_k)$，则 $a_k\mid r$. 又因为 $a_k\in I$，故 $r\mid a_k$，从而 a_k 与 r 相伴. 另一方面，a_{k+1} 是 a_k 的真因子，故 $a_{k+1}\mid r$，而 $a_{k+1}\in I$，故 $r\mid a_{k+1}$，从而 a_{k+1} 与 r 相伴. 由相伴的传递性得 a_k 与 a_{k+1} 相伴，这与 a_{k+1} 是 a_k 的真因子矛盾.

其次证明 R 中任意两个元素 a,b 都有最大公因子. 设

$$I=\{xa+yb\mid x,y\in R\}$$

是由 a 和 b 生成的理想. 由 R 是主理想整环知存在元素 $d\in R$ 使得 $I=(d)$，则存在 $s,t\in R$ 使 $d=sa+tb$. 因为 $(a)\subseteq(d)$，$(b)\subseteq(d)$，所以 $d\mid a$，$d\mid b$. 又若有 d' 满足

$$d'\mid a,\quad d'\mid b,$$

则 $d'\mid(sa+tb)=d$，所以 d 是 a 和 b 的最大公因子.

最后由定理 2.6.3 知 R 是唯一分解环. ▌

由定理 2.6.5 的证明过程得如下推论.

推论 2.6.6 设 R 是主理想整环，$a,b\in R$，d 是 a 和 b 的最大公因子，则存在 $p,q\in R$，使 $pa+qb=d$.

推论 2.6.7　设 R 是主理想整环，$p\in R$ 是素元，则 (p) 是极大理想.

证明　设 I 是包含 (p) 并且比 (p) 大的理想. 由于 R 是主理想整环，故存在 $a\in R$ 使 $(p)\subset I=(a)$. 因而存在 $r\in R$ 使 $p=ra$，于是 a 是 p 的因子. 但 p 是素元，所以 a 不是 p 的相伴元就是可逆元. 如果 a 是 p 的相伴元，则存在可逆元 α 使 $a=\alpha p$，于是 $a\in(p)$，从而 $(a)=I\subset(p)$，这与 I 大于 (p) 的假设矛盾. 因此 a 只能是可逆元，从而 $1=aa^{-1}\in I$，这样 $I=R$. ▌

例 2.6.8　证明：整数环 $(\mathbf{Z},+,\cdot)$ 为主理想整环.

证明　设 I 是 R 的任一理想. 由于 I 首先是 $\mathbf{Z}$ 的加法子群，而 $\mathbf{Z}$ 中的加法子群都是循环群，所以存在 $n\in\mathbf{Z}$ 使 $I=(n)$，故 I 是主理想，从而 $\mathbf{Z}$ 是主理想整环. ▌

例 2.6.9　设 F 是数域，证明：F 上的多项式环 $F[x]$ 是主理想整环.

证明　设 I 是 $F[x]$ 的任一非零理想. 令

$$D=\{\deg(f(x))\mid f(x)\in I,f(x)\neq 0\}$$

为 I 中非零多项式的次数的集合. 设 m 是 D 中的最小元，$q(x)\in I$，且

$$\deg(q(x))=m.$$

由带余除法可得对任何 $g(x)\in I$，存在 $p(x),r(x)\in F[x]$，使得

$$g(x)=p(x)q(x)+r(x),$$

其中 $r(x)=0$ 或 $\deg(r(x))<m$. 又因为

$$r(x)=g(x)-p(x)q(x)\in I,$$

若 $r(x)\neq 0$，则与 m 的最小性矛盾，故有

$$r(x)=0 \quad 且 \quad g(x)=p(x)q(x),$$

所以 $I=(q(x))$. 因此，$F[x]$ 是主理想整环. ▌

定义 2.6.10　设 R 是一个整环，若存在一个 R 的非零元集合到正整数集合的映射 δ 满足对任何非零元 $a\in R$ 和任意 $b\in R$ 均存在 $q,r\in R$，使得

$$b=qa+r,$$

其中 $r=0$ 或 $\delta(r)<\delta(a)$，则称 R 是一个欧氏整环，$\delta(a)$ 称为 a 的范数.

例 2.6.11　在 $\mathbf{Z}$ 中定义 $\delta(a)=|a|$（对任意 $a\in\mathbf{Z}$），则对任意 $a,b\in\mathbf{Z}$ 且 $a\neq 0$ 都存在 $q,r\in\mathbf{Z}$，使

$$b=qa+r,$$

其中 $r=0$ 或 $|r|<|a|$，所以 $\mathbf{Z}$ 是欧氏整环.

例 2.6.12 在数域 F 上的多项式环 $F[x]$ 中定义

$$\delta(f(x))=\deg(f(x))+1,$$

也可证明 $F[x]$ 是欧氏整环.

由欧氏整环的定义和以上两个例子,我们可以认为欧氏整环就是能够进行某种意义下的带余除法的整环.

定理 2.6.13 欧氏整环是主理想环,因而是唯一分解整环.

证明 设 R 是欧氏整环,I 是 R 的任意非零理想. 令

$$D=\{\delta(x)\mid x\in I \text{ 且 } x\neq 0\},$$

其中 δ 是欧氏整环的范数,并设 m 是 D 中最小元且 $\delta(a)=m$. 由定义,对任何 $b\in I$ 都有 $q,r\in R$,使得

$$b=qa+r,$$

其中 $r=0$ 或 $\delta(r)<\delta(a)$. 但 $r=b-qa\in I$,由 $\delta(a)$ 的最小性知 $r=0$,所以

$$b=qa\in(a),$$

故 $I=(a)$ 是主理想,因而 R 是主理想整环. ▌

习题 2.6

1. 证明:$\mathbf{Z}[\sqrt{10}]$ 不是唯一分解整环.

2. 设 R 是唯一分解整环,若 $a,b,m\in R$ 满足 $a\mid m,b\mid m$,且对任意 $a\mid c,b\mid c$ 都有 $m\mid c$,则称 m 是 a,b 的最小公倍元,并记为 $m=[a,b]$. 证明:$ab\sim(a,b)[a,b]$.

3. 判断 $\mathbf{Z}[\sqrt{2}]$ 和 $\mathbf{Z}[\sqrt{-2}]$ 是否是欧氏整环,并证明你的结论.

4. 设 R 是一个唯一分解整环,证明:若 $(a)\cap(b)=(c)$,则 c 是 a 和 b 的最小公倍元.

5. 设 R 是一个欧氏整环,δ 是 R 上的范数函数,证明下列结论:

(1) 对 R 中任意非零元 a,有 $\delta(1)\leqslant\delta(a)$;

(2) 若 a,b 相伴,则 $\delta(a)=\delta(b)$;

(3) 若 $a\mid b$ 且 $\delta(a)=\delta(b)$,则 a,b 相伴;

(4) 若 a,b 非零且 b 不是可逆元,则 $\delta(a)\leqslant\delta(ab)$;

(5) 若 a 是 R 的可逆元,则 $\delta(a)=\delta(1)$,反之亦然.

6. 设 (R,δ) 是一个欧氏整环,令

$$I=\{r\in R\mid \delta(r)>1\},$$

试问 I 是否为 R 的理想？

7. 设 R 为一个整环，$a,b\in R$，证明：主理想 (a) 与 (b) 相等当且仅当 a 与 b 相伴.

8. 设 R 为一个整环，$a\in R$，证明：$R=(a)$ 的充分必要条件是 a 为可逆元.

9. 设在一个唯一分解环中有

$$a_1=db_1,\quad a_2=db_2,\quad \cdots,\quad a_n=db_n.$$

习题 2.6 参考答案

证明：d 是 $a_1,a_2,\cdots,a_n$ 的最大公因子的充分必要条件是 $b_1,b_2,\cdots,b_n$ 互素.

10. 证明：一个主理想整环的非零最大理想都是由一个素元生成的.

2.7　多项式

设 R 是唯一分解整环，$R[x]$ 是 R 上的一元多项式环. 易知 $R[x]$ 也是整环，且 $R[x]$ 中的可逆元就是 R 中的可逆元. 本节我们将讨论 $R[x]$ 是否是唯一分解整环的问题，并推广高等代数中数域上多项式的相关结论.

定义 2.7.1　设

$$f(x)=a_0+a_1x+\cdots+a_nx^n\in R[x]\quad 且\quad f(x)\neq 0,$$

若 $(a_0,a_1,\cdots,a_n)$ 与 1 相伴，则称 $f(x)$ 是本原多项式.

引理 2.7.2　设 R 是唯一分解整环，p 是 R 中非零非可逆元，则 p 是素元的充要条件是 $R/(p)$ 是整环.

证明　必要性. 因为 p 是素元，所以 p 不可能生成 R，因此 $R/(p)$ 非零. 设 $x+(p)$ 和 $y+(p)$ 是 $R/(p)$ 中两个元素. 如果 $[x+(p)][y+(p)]=xy+(p)$ 是 $R/(p)$ 中零元，则存在 $r\in R$ 使得 $xy=pr$，即 $p\mid xy$. 由 R 是唯一分解整环知 $p\mid x$ 或 $p\mid y$，即 $x+(p)$ 和 $y+(p)$ 是 $R/(p)$ 中零元，这就证明了 $R/(p)$ 中无零因子. 最后，$R/(p)$ 显然是有单位元的交换环，因此 $R/(p)$ 是整环.

充分性. 假设 p 不是素元，则由命题 2.5.9 可知存在 $r_1,r_2\in R$ 使得 $p\mid r_1r_2$，但 $p\nmid r_1$ 且 $p\nmid r_2$. 于是 $r_1+(p)$ 和 $r_2+(p)$ 是 $R/(p)$ 中的零因子，矛盾. ▌

命题 2.7.3　设 R 是唯一分解整环，$R[x]$ 是 R 上的一元多项式环.

(1) 与本原多项式相伴的多项式也是本原多项式；

(2) 任何一个非零多项式总可以表示为一个本原多项式与 R 中一个元素之积，且这种表示法除差一个可逆因子外是唯一的；

(3) (Gauss 引理) 两个本原多项式的乘积仍为本原多项式.

证明　(1) 设 $f(x)=a_0+a_1x+\cdots+a_nx^n$，$g(x)=b_0+b_1x+\cdots+b_nx^n$ 是 $R[x]$

中非零多项式且 $f(x)$ 是本原多项式. 如果 $f(x)\sim g(x)$，则存在可逆元 $\alpha\in R$ 使

$$f(x)=\alpha g(x),$$

从而 $a_i=\alpha b_i(i=0,1,\cdots,n)$. 于是

$$(b_0,\cdots,b_n)\sim(a_0,\cdots,a_n)\sim 1.$$

(2) 设 $f(x)=a_0+a_1x+\cdots+a_nx^n$ 是非零多项式. 若 $(a_0,a_1,\cdots,a_n)\sim d_1$，则可令 $a_i=d_1b_i(i=0,1,\cdots,n)$，$g(x)=b_0+b_1x+\cdots+b_nx^n$，得 $f(x)=dg(x)$，$g(x)$ 是本原多项式.

若 $f(x)=d_1g_1(x)=d_2g_2(x)$，其中 $g_1(x)$，$g_2(x)$ 都是本原的，则

$$d_1\sim(a_0,\cdots,a_n)\sim d_2.$$

令 $d_1=\alpha d_2$，其中 α 为可逆元，则

$$\alpha d_2g_1(x)=d_2g_2(x),\quad 即\quad \alpha g_1(x)=g_2(x).$$

(3) 用反证法. 设 $g_1(x)$，$g_2(x)$ 是本原多项式，但 $f(x)=g_1(x)g_2(x)$ 不是本原多项式，则 R 中存在一个素元 p 满足 $p\mid f(x)$. 考虑 p 生成的主理想及相应的商环 $R[x]/(p)$，则由引理 2.7.2 知 $R[x]/(p)$ 是整环.

由 $p\nmid g_1(x)$ 和 $p\nmid g_2(x)$ 可得

$$\overline{g_1(x)}=g_1(x)+(p),\quad \overline{g_2(x)}=g_2(x)+(p)$$

不是 $R[x]/(p)$ 中的零元. 另一方面，由 $p\mid f(x)$ 知 $\overline{f(x)}=\bar{0}$，于是

$$\overline{g_1(x)\,g_2(x)}=\overline{f(x)}=\bar{0},$$

这与 $R[x]/(p)$ 是整环矛盾. ▌

设 R 是一个唯一分解整环，P 是 R 的分式域，利用分式域中元素的形式可证明对 $P[x]$ 中任意非零多项式 $f(x)$，$f(x)$ 可表示为

$$f(x)=rg(x),$$

其中，$g(x)$ 是 $R[x]$ 中的本原多项式，$r\in P$.

利用以上性质可进一步证明：如果 $R[x]$ 中次数大于零的多项式 $f(x)$ 在 $R[x]$ 中不可约，则 $f(x)$ 在 $P[x]$ 中也不可约.

定理 2.7.4 设 R 是唯一分解整环，则 $R[x]$ 也是唯一分解整环.

证明 首先证明 $f(x)$ 可表示为有限个素元之积. 设 $f(x)=d\varphi(x)$，其中 $\varphi(x)$ 是本原多项式. 由 R 的唯一分解性知 d 可分解为有限个素元之积，即 $d=p_1p_2\cdots p_s$. 设 R 的分式域为 P，则 $\varphi(x)$ 也可看作是 $P[x]$ 中的多项式，由 $P[x]$ 的唯一分解性

可设 $\varphi(x)=g_1(x)\cdots g_t(x)$ 是 $\varphi(x)$ 在 $P[x]$ 中不可约多项式之积. 另外,每个 $g_i(x)$ 又可表示为

$$g_i(x)=\frac{d_i}{c_i}q_i(x),$$

其中 $q_i(x)\in R[x]$ 是本原多项式且不可约, $d_i, c_i\in R$. 从而可得

$$c\varphi(x)=eq_1(x)\cdots q_t(x),\quad c,e\in R.$$

因为 $q_1(x)\cdots q_t(x)$ 也是本原多项式,由命题 2.7.3(2)知

$$\varphi(x)\sim q_1(x)\cdots q_t(x),$$

则

$$f(x)=p_1p_2\cdots p_s u q_1(x)q_2(x)\cdots q_t(x),$$

其中 u 为 R 中可逆元, p_i 和 $q_i(x)$ 都是 $R[x]$ 中素元.

其次证明这种表示的唯一性. 设 $f(x)$ 有两种素元分解式,即

$$f(x)=p_1\cdots p_s q_1(x)\cdots q_t(x)=r_1\cdots r_k u_1(x)\cdots u_m(x).$$

由 $f(x)$ 表示为本原多项式的唯一性知

$$\psi(x)=q_1(x)\cdots q_t(x)=\alpha u_1(x)\cdots u_m(x),$$

其中 α 为 R 中可逆元. 又因为 $\psi(x)\in R[x]$,而 $R[x]$ 为唯一分解整环,得 $t=m$,且适当排序后有

$$q_i(x)\sim u_i(x).$$

将 $\psi(x)$ 代入 $f(x)$ 中,得

$$h=p_1p_2\cdots p_s\alpha=r_1r_2\cdots r_k.$$

由于 $h\in R$,而 R 是唯一分解环,所以 $s=k$,且适当调整次序后有 $p_i\sim r_i$. ▌

定理 2.7.5　设 R 是唯一分解整环, P 是 R 的分式域,且

$$f(x)\in R[x]\quad(\deg(f(x))\geqslant 1)$$

是本原多项式,则

$$f(x)\text{在 }R[x]\text{中可约}\Leftrightarrow f(x)\text{在 }P[x]\text{中可约}.$$

证明　必要性. 设 $f(x)=g(x)h(x)$ 是 $f(x)$ 在 $R[x]$ 中的分解式,其中

$$\deg(g(x))\geqslant 1,\quad \deg(h(x))\geqslant 1.$$

因为 $R[x]\subseteq P[x]$，所以 $g(x)$，$h(x)$ 也在 $P[x]$ 中，从而 $f(x)$ 在 $P[x]$ 中可约.

充分性. 设 $f(x)=g(x)h(x)$ 是 $f(x)$ 在 $P[x]$ 中的分解式，其中

$$\deg(g(x))\geqslant 1,\quad \deg(f(x))\geqslant 1.$$

由分式域中元素的表示方式可知存在 $a,b\in R$，使得

$$f(x)=\frac{b}{a}g_1(x)h_1(x),$$

其中 $g_1(x)$，$h_1(x)\in R[x]$ 分别是与 $g(x)$，$h(x)$ 只差一个单位元的本原多项式(见命题 2.7.3(2)). 由 Gauss 引理，$g(x)$，$h(x)$ 是本原多项式. 又因为一个本原多项式的表示法除相差一个可逆因子外是唯一的，故 $\frac{b}{a}=u\sim 1$，则

$$f(x)=ug_1(x)h_1(x),$$

其中 $ug_1(x)$，$h_1(x)\in R[x]$，所以 $f(x)$ 在 $R[x]$ 中也可约. ▌

习题 2.7

1. 设 $F[x]$ 是域 F 上的多项式环，求证：$F[x]$ 中的可逆元就是非零常数多项式.

2. 设 $F[x]$ 是域 F 上的多项式环，φ 是 $F[x]$ 的自同构且保持 F 中元素不动，求证：存在 $a,b\in F$ 且 $a\neq 0$，使得 $\varphi(x)=ax+b$.

3. 设 p 是一个素数，$F=\mathbf{Z}_p$，求证：对任意的 $a\in F$，多项式 x^p+a 是 F 上的可约多项式.

4. 设 $\mathbf{Z}[x]$ 是整数环 $\mathbf{Z}$ 上的多项式环，φ 是 $\mathbf{Z}[x]$ 的自同构，求证：存在 $b\in\mathbf{Z}$，使得 $\varphi(x)=\pm x+b$.

5. 设 $R=\mathbf{Z}[x]$，I 是由 2 和 x^2+x+1 生成的理想，求证：商环 R/I 是一个域.

6. 设 I 是环 $R=\mathbf{Z}[x]$ 中由 $x-7$ 和 15 生成的理想，求证：

$$R/I\cong\mathbf{Z}_{15}.$$

7. 设 R 是含单位元的交换环，$R[x]$ 是 R 上的多项式环. 给定多项式

$$f(x)=a_0+a_1x+\cdots+a_nx^n,$$

证明：$f(x)$ 是 $R[x]$ 中的可逆元的充要条件是 a_0 是 R 中的可逆元而 $a_i(i=1,2,\cdots,n)$ 是 R 中的幂零元.

习题 2.7 参考答案

第 3 章　域论初步

域是可交换的除环，我们在很多课程中都会遇到它，如高等代数和数学分析中遇到的实数域和复数域. 许多实际问题都和域这个概念紧密相关，如代数方程求解问题都要在实数域上讨论；密码学和编码理论等近代信息论则要在有限域上讨论. 因此，本章内容具有很广泛的实际应用背景.

本章主要讨论三方面的问题，即域的扩张、多项式的分裂域、有限域.

3.1　域的扩张

在环论中，我们一般通过理想来研究环的结构. 但在域中，所有理想都是平凡的，因此我们需要另寻合适的研究方法. 本节给出研究域的基本方法，即从一个给定的域出发研究它的各种各样的扩域.

3.1.1　域的扩张

定义 3.1.1　若域 F 是域 E 的一个子域，则称 E 为 F 的一个扩域.

由现有知识可知，复数域是实数域的扩域，而实数域又是有理数域的扩域. 由例 2.4.4 可知，任意一个特征为 p 的域都是 $\mathbf{Z}_p$ 的扩域. 另一方面，因为任一数域 F 都包含正整数 1，从而包含整数环 $\mathbf{Z}$，而 $\mathbf{Z}$ 中每个元素在 F 中都有逆元，从而 F 包含有理数域 $\mathbf{Q}$. 因此，$\mathbf{Q}$ 是最小的数域.

定义 3.1.2　若域 F 不含真子域，则称 F 是一个素域.

下面的定理表明在同构意义下 $\mathbf{Q}$ 和 $\mathbf{Z}_p$ 是仅有的两个素域.

定理 3.1.3　设 F 是域，则 F 包含一个素域 F_0，且有以下两种情况（p 是素数）：

(1) 如果 $\mathrm{ch}F=p$，则 $F_0\cong\mathbf{Z}_p$；

(2) 如果 $\mathrm{ch}F=0$，则 $F_0\cong\mathbf{Q}$.

证明　(1) 由例 2.4.4 可得.

(2) 设 F 的单位元为 1，则对任何 $m,n\in\mathbf{Z}$（其中 $n\neq 0$），都有 $m1,n1\in F$ 且 $n1\neq 0$. 又因为 $n1$ 在 F 中有逆元，记为 $(n1)^{-1}$，所以 $(m1)(n1)^{-1}\in F$. 记

$$F_0=\{(m1)(n1)^{-1}\mid m,n\in\mathbf{Z},n\neq 0\},$$

则易证 $F_0\cong\mathbf{Q}$. ▌

假设 E 是 F 的扩域，S 是 E 的子集，记 $F(S)$ 为 E 的由 F 及 S 生成的子域，即 F 的所有包含 F 和 S 的子域的交. 若 T 是 E 的另一个子集，则

$$F(S)(T)=F(S\cup T),$$

这是因为等式两边都表示 E 的所有包含 F,S,T 的子域的交. 故当 $S=\{u_1,u_2,\cdots,u_n\}$ 为有限集时，有

$$F(u_1,u_2,\cdots,u_k)=F(u_1,u_2,\cdots,u_{k-1})(u_k),\quad k=2,3,\cdots,n.$$

3.1.2 单扩域

定义 3.1.4 如果 $S=\{\alpha\}$ 是单点集，则称 $F(\alpha)$ 为 F 的单扩域，其中元素 α 称为本原元.

单扩域是最简单的扩域，我们从这类扩域开始研究.

定义 3.1.5 设 E 是域 F 的一个扩域，α 是 E 中元素. 如果存在系数取自 F 的非零多项式 $f(x)$，使 $f(\alpha)=0$，则称 α 为 F 上的一个代数元；否则，称 α 为 F 上的一个超越元.

例如，对任意的正整数 n，$\sqrt{n}$ 都是 $x^2-n=0$ 的根，故 $\sqrt{n}$ 是实数域中有理数域 $\mathbf{Q}$ 上的一个代数元. 然而，对于 E 中元素 α，则并不容易判定它是 F 上的代数元或超越元. 我们以 E 为复数域，F 为有理数域为例，此时代数元称为代数数，超越元称为超越数. 比如我们已知圆周率 π 和自然对数 $\ln x$ 的底 e 皆为超越数(不易验证)，但至今无人知道 $\pi+\mathrm{e},\pi-\mathrm{e},\pi\mathrm{e},\pi/\mathrm{e}$ 等数是否为超越数.

定义 3.1.6 当 α 为 F 上的代数元时，称 $F(\alpha)$ 为 F 的单代数扩域；当 α 为 F 上的超越元时，称 $F(\alpha)$ 为 F 的单超越扩域.

例如，$\mathbf{Q}(\sqrt{2})$ 是有理数域上的一个单代数扩域，$\mathbf{Q}(\pi)$ 则是有理数域上的一个单超越扩域.

定义 3.1.7 设 α 是域 F 上的一个代数元，称 F 上以 α 为根的首项系数为 1 的次数最低的多项式为 α 在 F 的最小多项式. 如果 α 的最小多项式的次数是 n，则称 α 是 F 上的一个 n 次代数元.

易知 $\sqrt[n]{2}$ 在 $\mathbf{Q}$ 上的最小多项式是 x^n-2，从而 $\sqrt[n]{2}$ 是 $\mathbf{Q}$ 上的一个 n 次代数元. 更一般地，对任意无平方因子的数 m，$\sqrt[n]{m}$ 是 $\mathbf{Q}$ 上的一个 n 次代数元.

为给出单扩域的结构，我们首先给出最小多项式的性质.

命题 3.1.8　设 $p(x)$是代数元 α 在域 F 上的最小多项式,则

(1) $p(x)$是唯一的;

(2) $p(x)$在 F 上不可约;

(3) 若 $f(x)\in F[x]$且 $f(\alpha)=0$,则 $p(x)\mid f(x)$.

证明　(1) 设 $q(x)$是 α 在 F 上的另一个最小多项式,则记

$$g(x)=p(x)-q(x).$$

如果 $g(x)\neq 0$,则由最小多项式的次数的最小性知 $p(x)$和 $q(x)$的次数相同. 又因为 $p(x)$和 $q(x)$均为首一多项式,故 $g(x)$的次数严格小于 $p(x)$. 另一方面,有

$$g(\alpha)=p(\alpha)-q(\alpha)=0,$$

这与 $p(x)$次数的最小性矛盾.

(2) 如果 $p(x)$在 F 上可约,则存在次数小于 $p(x)$而大于 0 的多项式 $p_1(x)$, $p_2(x)\in F[x]$,使得

$$p(x)=p_1(x)p_2(x).$$

令 $x=\alpha$,则 $p(\alpha)=p_1(\alpha)p_2(\alpha)=0$. 但域无零因子,故 $p_1(\alpha)$与 $p_2(\alpha)$中至少有一个等于零,这与 $p(x)$是 α 的最小多项式矛盾. 因此,$p(x)$在 F 上不可约.

(3) 由带余除法,存在 $q(x)$,$r(x)\in F[x]$,使得

$$f(x)=p(x)q(x)+r(x),$$

其中 $r(x)=0$ 或 $\deg(r(x))<\deg(p(x))$. 令 $x=\alpha$,则

$$f(\alpha)=p(\alpha)q(\alpha)+r(\alpha).$$

因为 $f(\alpha)=p(\alpha)=0$,所以 $r(\alpha)=0$. 此时只能有 $r(x)=0$,否则将与 $p(x)$为 α 在 F 上的最小多项式矛盾. 因此,$p(x)\mid f(x)$. ▌

定理 3.1.9　设 $F[x]$为域 F 上未定元 x 的多项式环,$F(x)$为其分式域.

(1) 当 α 为 F 上的超越元时,有 $F(\alpha)\cong F(x)$;

(2) 当 α 为 F 上的代数元时,有

$$F(\alpha)\cong F[x]/(p(x)),$$

其中 $p(x)$为 α 在 F 上的最小多项式.

证明　设

$$F[\alpha]=\{f(\alpha)\mid f(x)\in F[x]\},$$

则 $F[\alpha]$是域 $F(\alpha)$的一个子环. 同时,易知 $\varphi(f(x))=f(\alpha)$是 $F[x]$到 $F[\alpha]$的一个同态满射.

(1) 设 $\varphi(f(x))=\varphi(g(x))$,则 $f(\alpha)=g(\alpha)$. 令 $F(x)=f(x)-g(x)$,则 $F(\alpha)=0$. 但 α 是 F 上的超越元,故 $F(x)=0$,即 $f(x)=g(x)$,这就证明了 φ 是单射. 因此 φ 是同构,则 $F[x]\cong F[\alpha]$. 因为同构的环的分式域也同构,而 $F[\alpha]$的分式域是$F(\alpha)$,所以 $F(\alpha)\cong F(x)$.

(2) 当 α 为 F 上的代数元时,设 $p(x)$为 α 在 F 上的最小多项式,易知

$$\mathrm{Ker}\varphi=(p(x)),$$

于是由环同态基本定理得

$$F[x]/(p(x))\cong F[\alpha].$$

由于 $p(x)$在域 F 上不可约,$(p(x))$是 $F[x]$的极大理想,因此 $F[x]/(p(x))$为域,从而 $F[\alpha]$也是域. 但 $F(\alpha)$是包含 F 及 α 的最小域,故 $F[\alpha]=F(\alpha)$,从而可得

$$F(\alpha)=F[\alpha]\cong F[x]/(p(x)).\blacksquare$$

通过以上定理可知,对于给定的 F 和 α,$F(\alpha)$完全可以构造出来. 同时,我们还能知道单扩域有两种不同的类型. 对于一般的扩域,我们也有两种不同的类型,即代数扩域和超越扩域,这部分内容将在后续学习.

关于单代数扩域,还有如下更精确的刻画.

定理 3.1.10 设 α 是域 F 上的 n 次代数元,则 F 的单代数扩域 $F(\alpha)$是 F 上的一个 n 维线性空间,$1,\alpha,\cdots,\alpha^{n-1}$是它的一组基.

证明 首先,设 $p(x)$是 α 在 F 上的最小多项式,次数为 n. 任取 $\beta\in F(\alpha)$且 $\beta\neq 0$,则由定理 3.1.9 的证明知存在 $f(x)\in F[x]$,使得 $\beta=f(\alpha)$. 由带余除法知

$$f(x)=p(x)q(x)+r(x),\quad 其中\ q(x),r(x)\in F[x].$$

显然 $r(x)\neq 0$,否则 $f(\alpha)=p(\alpha)q(\alpha)=0$. 因此可设

$$r(x)=a_0+a_1x+\cdots+a_{n-1}x^{n-1}.$$

将 $x=\alpha$ 带入,得

$$f(\alpha)=p(\alpha)q(\alpha)+r(\alpha)=r(\alpha)=a_0+a_1\alpha+\cdots+a_{n-1}\alpha^{n-1},$$

即 $F(\alpha)$中任一元素都可用 $1,\alpha,\cdots,\alpha^{n-1}$线性表示.

其次,设存在 $a_0,a_1,\cdots,a_{n-1}\in F$,使得

$$a_0+a_1\alpha+\cdots+a_{n-1}\alpha^{n-1}=0,$$

即 α 是 $g(x)=a_0+a_1x+\cdots+a_{n-1}x^{n-1}$ 的根. 因为 $g(x)$ 的次数为 $n-1$，小于最小多项式的次数，所以 $g(x)=0$，即 $a_0=a_1=\cdots=a_{n-1}=0$，这就证明了 $1,\alpha,\cdots,\alpha^{n-1}$ 线性无关.

综上可知，$1,\alpha,\cdots,\alpha^{n-1}$ 是 $F(\alpha)$ 在 F 上的线性空间的一组基. ▌

习题 3.1

1. 设 $\mathbf{Q}$ 是有理数域，$\alpha=\sqrt[3]{2}$，$\beta=\pi$，求 $\mathbf{Q}(\alpha)$ 和 $\mathbf{Q}(\beta)$.

2. 设 $u=\cos\dfrac{\pi}{8}+\mathrm{i}\sin\dfrac{\pi}{8}$，求 u 的最小多项式.

3. 求 $\sqrt{2}+\sqrt{3}$ 在有理数域 $\mathbf{Q}$ 上的最小多项式.

4. 设 x 是域 F 中的任一元素，证明：x 是域 F 上的代数元且 $F(x)=F$.

5. 设 $p(x)$ 为域 F 上首系数为 1 的多项式，且 $p(a)=0$，证明：若 $p(x)$ 在 F 上不可约，则 $p(x)$ 是 a 在 F 上的最小多项式.

6. 设 $E=F(\alpha)$ 且 α 的最小多项式的次数是奇数，证明：$F(\alpha^2)=E$.

7. 设 $F(\alpha)$ 与 $F(\beta)$ 是域 F 上两个单代数扩张，并且 α 与 β 在 F 上有相同的最小多项式，证明：$F(\alpha)\cong F(\beta)$.

8. (1) 求复数 i 及 $\dfrac{2\mathrm{i}-1}{\mathrm{i}-1}$ 在 $\mathbf{Q}$ 上的最小多项式；

(2) 单扩张域 $\mathbf{Q}(\mathrm{i})$ 与 $\mathbf{Q}\left(\dfrac{2\mathrm{i}-1}{\mathrm{i}-1}\right)$ 是否同构?

习题 3.1 参考答案

3.2　代数扩域

上一节我们学习了单代数扩域和单超越扩域，并且知道这两个扩域的结构截然不同. 本节我们主要研究一般的代数扩域并考虑其结构问题.

3.2.1　扩张的次数

定义 3.2.1　设 E 是域 F 的一个扩域，如果 E 中每个元素都是 F 上的代数元，则称 E 是 F 的一个代数扩域；否则，称 E 是 F 的一个超越扩域.

如果 E 是 F 的超越扩域，又 E 中除 F 的元素外都是 F 上的超越元，则称 E 是 F 的一个纯超越扩域.

例 3.2.2　实数域是有理数域的超越扩域，但不是有理数域的纯超越扩域. 域 F 上关于未定元 x 的有理分式域 $F(x)$ 是 F 的一个纯超越扩域.

为了讨论代数扩域,我们首先介绍扩域次数的概念.

设 E 是域 F 的一个扩域,则对 E 中加法与乘法来说,E 可作为 F 上的一个线性空间.

定义 3.2.3 设 E 是域 F 的一个扩域,则 E 作为 F 上向量空间的维数称为 E 在 F 上的次数,记为 $[E:F]$. 当 $[E:F]$ 有限时,称 E 为 F 的有限次扩域;否则,称为无限次扩域.

由定理 3.1.10 可知,当 α 是域 F 上的 n 次代数元时,$E=F(\alpha)$ 是 F 的 n 次扩域. 另一方面,由于 π 是超越数,故

$$\mathbf{Q}(\pi)=\left\{\frac{f(\pi)}{g(\pi)}\,\middle|\, f,g \text{ 为有理系数多项式且 } g\neq 0\right\}.$$

因此,$\mathbf{Q}(\pi)$ 是 $\mathbf{Q}$ 的无限次扩域.

关于扩域的次数,有如下"望远镜公式".

定理 3.2.4 设 E 是域 K 的扩域,K 是域 F 的扩域且都是有限次扩域,则

$$[E:F]=[E:K][K:F].$$

证明 设 $[K:F]=m$,$[E:K]=n$ 且 $\alpha_1,\alpha_2,\cdots,\alpha_m$ 和 $\beta_1,\beta_2,\cdots,\beta_n$ 分别是 K 作为 F 上的向量空间和 E 作为 K 上的向量空间的基.

首先,任取 E 中元素 α,则存在 $k_1,k_2,\cdots,k_n\in K$,使得

$$\alpha=k_1\beta_1+k_2\beta_2+\cdots+k_n\beta_n.$$

又因为 K 是 F 上的向量空间,所以对任意 k_j,存在 $a_{1j},a_{2j},\cdots,a_{mj}\in F$,使得

$$k_j=a_{1j}\alpha_1+a_{2j}\alpha_2+\cdots+a_{mj}\alpha_m.$$

于是

$$\alpha=\sum_{j}^{n}\sum_{i=1}^{m}a_{ij}\alpha_i\beta_j.$$

因此,α 在 F 上可由 $\alpha_i\beta_j\,(i=1,2,\cdots,m;j=1,2,\cdots,n)$ 线性表示.

其次,设有 $a_{ij}\in F$,使

$$\sum_{j}^{n}\sum_{i=1}^{m}a_{ij}\alpha_i\beta_j=0,$$

即

$$\sum_{j}^{n}\left(\sum_{i=1}^{m}a_{ij}\alpha_i\right)\beta_j=0.$$

又因为 $\sum_{i=1}^{m} a_{ij}\alpha_i \in K$ 且 $\beta_1, \beta_2, \cdots, \beta_n$ 在 K 上线性无关，故

$$\sum_{i=1}^{m} a_{ij}\alpha_i = 0 \quad (j=1,2,\cdots,n).$$

又因为 $\alpha_1, \alpha_2, \cdots, \alpha_m$ 在 F 上线性无关，故

$$a_{ij} = 0 \quad (i=1,2,\cdots,m; j=1,2,\cdots,n).$$

因此 $\alpha_i\beta_j (i=1,2,\cdots,m; j=1,2,\cdots,n)$ 线性无关，从而它们是 E 在 F 上的一组基.

于是 $[E:F]=mn$，即

$$[E:F]=[E:K][K:F]. \blacksquare$$

需要指出的是，由上面的证明可知，$[E:F]$ 无限当且仅当 $[E:K]$ 与 $[K:F]$ 中至少有一个无限. 因此，可认为定理 3.2.4 依然成立.

由数学归纳法可以直接证明以下推论.

推论 3.2.5　设 $F_m, F_{m-1}, \cdots, F_2, F_1$ 都是域，且每一个都是前一个的子域，则

$$[F_m:F_1]=[F_m:F_{m-1}][F_{m-1}:F_{m-2}]\cdots[F_2:F_1].$$

例 3.2.6　计算 $[\mathbf{Q}(\sqrt{2},\sqrt{3}):\mathbf{Q}]$.

解　由于 $\mathbf{Q} \subset \mathbf{Q}(\sqrt{2}) \subset \mathbf{Q}(\sqrt{2},\sqrt{3})$，所以

$$[\mathbf{Q}(\sqrt{2},\sqrt{3}):\mathbf{Q}]=[\mathbf{Q}(\sqrt{2},\sqrt{3}):\mathbf{Q}(\sqrt{2})]\cdot[\mathbf{Q}(\sqrt{2}):\mathbf{Q}]=2\times 2=4. \blacksquare$$

3.2.2　代数扩域

关于有限次扩域，有如下非常重要的性质.

定理 3.2.7　有限次扩域必是代数扩域.

证明　设 E 是 F 的一个 n 次扩域，任取 $\alpha \in E$. 由于 $[E:F]=n$，故 E 中有 $n+1$ 个元素 $1, \alpha, \alpha^2, \cdots, \alpha^n$ 在 F 上必线性相关，从而存在不全为零的元素 $k_0, k_1, \cdots, k_n$，使得

$$k_0 + k_1\alpha + \cdots + k_n\alpha^n = 0.$$

即 α 是 F 上非零多项式

$$f(x) = k_0 + k_1 x + \cdots + k_n x^n$$

的根，故 α 是 F 上的代数元，从而 E 是 F 的代数扩域. $\blacksquare$

推论 3.2.8 设 $\alpha_1,\alpha_2,\cdots,\alpha_n$ 都是 F 上的代数元，则 $F(\alpha_1,\alpha_2,\cdots,\alpha_n)$ 是 F 的有限次扩域，从而为代数扩域.

证明 只要注意到由于单代数扩域是有限次扩域，从而为代数扩域，然后对 n 用数学归纳法证明即可. ▌

注 3.2.9 定理 3.2.7 的逆定理不一定成立，即代数扩域不一定是有限次扩域. 例如在 $\mathbf{Q}$ 上添加方程 $x^n-3=0(n=2,3,\cdots)$ 的所有复数根，所得的扩域是代数扩域，但不是有限次扩域.

推论 3.2.10 域 F 上代数元的和、差、积、商仍为 F 上的代数元.

证明 设 α,β 为域 F 上的两个代数元. 由推论 3.2.8 可知 $F(\alpha,\beta)$ 为 F 的代数扩域，从而其中的每个元素都是 F 上的代数元. 另一方面，α 和 β 的和、差、积、商都是 $F(\alpha,\beta)$ 中的元素，因此它们都是 F 上的代数元. ▌

作为特殊情况，有下面的重要结论.

推论 3.2.11 代数数的和、差、积、商仍为代数数.

下面的结论表明代数扩域具有传递性.

定理 3.2.12 设 E 是 K 的代数扩域，K 是 F 的代数扩域，则 E 是 F 的代数扩域.

证明 只要证明 E 中任一元素 α 都是 F 上的代数元即可. 由于 E 是 K 的代数扩域，故 α 是 K 上的代数元. 设

$$g(x)=k_0+k_1x+\cdots+k_mx^m\in K[x]$$

是 α 的最小多项式，而 K 又是 F 上的代数扩域，故 $k_0,k_1,\cdots,k_m$ 是 F 上的代数元，于是

$$K'=F(k_0,k_1,\cdots,k_m)$$

是 F 上的有限扩域. 又因为 $K'(\alpha)$ 是 K' 上的有限次扩域，故由

$$[K'(\alpha),F]=[K'(\alpha),K'][K',F]$$

知 $K'(\alpha)$ 是 F 的有限次扩域，从而是 F 的代数扩域，也即 α 是 F 上的代数元. ▌

定义 3.2.13 设 F 是一个域，如果 F 无真代数扩域，则称 F 是一个代数闭域.

在给出代数闭域的刻画之前，我们需要如下的引理.

引理 3.2.14 设 $f(x)$ 是域 F 上的一个不可约多项式，则必存在 F 的一个扩域 E，使 $f(x)$ 在 E 中至少有一个根.

证明 令 $F[x]$ 是 F 上的多项式环，作商环 $F[x]/(f(x))$. 由于 $f(x)$ 不可约，则 $E=F[x]/(f(x))$ 是一个域. 定义映射 $\varphi:F\to E$，使得 $\varphi(a)=\bar{a}=a+(f(x))$，不

难验证这是一个单同态. 因此我们可将 F 看作是 E 的子域,即 E 是 F 的扩域.

令 $f(x)=a_0+a_1x+\cdots+a_nx^n$,则 $\overline{f(x)}=\bar{0}$,即

$$\overline{a_0+a_1x+\cdots+a_nx^n}=\overline{a_0}+\overline{a_1x}+\cdots+\overline{a_nx^n}=a_0+a_1\bar{x}+\cdots+a_n\bar{x}^n=\bar{0},$$

因此 $\bar{x}=x+(f(x))$是 $f(x)$的一个根.▌

定理 3.2.15　设 F 是一个域,则下列命题等价:

(1) F 是代数闭域;

(2) $F[x]$中任一不可约多项式的次数等于 1;

(3) $F[x]$中任一次数大于零的多项式可分解为一次因式的乘积;

(4) $F[x]$中任一次数大于零的多项式在 F 中至少有一个根.

证明　(1) ⇒ (2)　设 $p(x)$是 $F[x]$中一个次数为 n 的不可约多项式. 由引理 3.2.14 知,存在一个扩域 E 使得 $p(x)$在 E 上有一个根 α. 由 $p(x)$的不可约性知 $p(x)$是 α 在 F 上的最小多项式. 由定理 3.1.9 知 E 是 F 的代数扩域且$[E:F]=n$. 另一方面,F 是代数闭域,故 $E=F$. 于是$[E:F]=1$,从而 $p(x)$是一次的.

(2) ⇒ (1)　设 E 是 K 的代数扩域. 任取 $\alpha\in E$,α 的极小多项式 $p(x)$为一次式,即 $p(x)=x-\alpha$. 因此 $\alpha\in K$,即 $E=F$.

其余命题的等价性显然.▌

由代数学基本定理知,复数域 $\mathbf{C}$ 是一个代数闭域.

习题 3.2

1. 证明:复数域 $\mathbf{C}$ 是实数域 $\mathbf{R}$ 的代数扩域.

2. 设域 $F\subseteq K\subseteq E$,且$[K:F]=m$,$\alpha\in E$ 是 F 上一个 n 次代数元,有

$$(m,n)=1.$$

证明:α 也是 K 上的 n 次代数元.

3. 证明:$\mathbf{Q}(\sqrt{2},\sqrt{3})=\mathbf{Q}(\sqrt{2}+\sqrt{3})$.

4. 证明:域 F 上未定元 x 的有理分式域 $F(x)$是 F 的一个纯超越扩张域.

5. 设 E 是实数域 $\mathbf{R}$ 的有限扩域,证明:$[E:\mathbf{R}]=2$.

习题 3.2 参考答案

3.3　分裂域

由上一节的知识可知在代数闭域 E 上,任一多项式都可以分解成一次多项式

的乘积.但具体到某一个多项式 $f(x)$ 的分解时,我们一般不会对域 E 有如此苛刻的要求,通常只要找到一个能使 $f(x)$ 完全分解的"最小的域"即可.

3.3.1 分裂域的概念

定义 3.3.1 设 E 是域 F 的一个扩域, $f(x)$ 是 F 上一个次数大于零的多项式,如果 $f(x)$ 在 E 中可完全分解,而在任何包含 F 但比 E 小的子域上都不能完全分解,则称 E 是 $f(x)$ 在 F 上的一个分裂域.

要确定分裂域的存在性,首先要回答这样一个问题:给定多项式 $f(x)$,能否找到一个扩域使 $f(x)$ 在这个扩域中至少有一个根?这个问题将由如下的 Kronecker 定理回答.

定理 3.3.2 设 $f(x)$ 是域 F 上的次数大于零的多项式,则必存在 F 的扩域 E,使 $f(x)$ 在 E 中至少有一个根.

证明 将 $f(x)$ 分解成不可约多项式的乘积,然后利用引理 3.2.14 即可.▌

例 3.3.3 因为 $\mathbf{Q}(\sqrt{2})=\{a+b\sqrt{2}\mid a,b\in\mathbf{Q}\}$,所以 $\mathbf{Q}(\sqrt{2})$ 是多项式 x^2-2 在有理数域 $\mathbf{Q}$ 上的一个分裂域.而 x^2-2 在实数域上的分裂域就是实数域本身.

引理 3.3.4 设 E 是域 F 上多项式 $f(x)$ 的一个分裂域,且

$$f(x)=\alpha_0(x-\alpha_1)(x-\alpha_2)\cdots(x-\alpha_n),$$

其中 $\alpha_0\in F$, $\alpha_i\in E$,则 $E=F(\alpha_1,\alpha_2,\cdots,\alpha_n)$.

证明 首先, $F(\alpha_1,\alpha_2,\cdots,\alpha_n)$ 是域,且

$$F\subseteq F(\alpha_1,\alpha_2,\cdots,\alpha_n)\subseteq E.$$

其次, $f(x)$ 在 $F(\alpha_1,\alpha_2,\cdots,\alpha_n)$ 中可完全分解,但 E 是使得 $f(x)$ 可分解的最小的域.因此

$$E=F(\alpha_1,\alpha_2,\cdots,\alpha_n).▌$$

由上面的引理可知, $f(x)$ 在 F 上的分裂域是将 $f(x)$ 的全部根添加到 F 所得的有限次扩域,从而是 F 的一个代数扩域.

下面我们讨论分裂域的存在性问题.

定理 3.3.5 设 $f(x)$ 是域 F 上的一个 n 次多项式 $(n\geqslant 1)$,则 $f(x)$ 在 F 上的分裂域存在.

证明 对 $f(x)$ 的次数 n 运用数学归纳法.

当 $n=1$ 时,域 F 就是 $f(x)$ 在 F 上的分裂域.

假定 $f(x)$ 是 $n-1$ 次多项式时定理成立,下面我们证明 $f(x)$ 是 n 次多项式时

定理成立.

任取 $f(x)$的一个首项系数为 1 且在 F 上不可约的因式 $p(x)$. 由引理 3.2.14 知有单扩域 $F(\alpha_1)$存在,其中 α_1 在 F 上的最小多项式就是 $p(x)$.

在域 $F(\alpha_1)$上,$f(x)$至少可以分解成

$$f(x)=(x-\alpha_1)f_1(x),$$

其中 $f_1(x)$是域 $F(\alpha_1)$上的 $n-1$ 次多项式. 由归纳假设可知 $f_1(x)$在 $F(\alpha_1)$上有分裂域存在,设为 $F(\alpha_1)(\alpha_2,\cdots,\alpha_n)$,其中 $\alpha_2,\cdots,\alpha_n$ 为 $f_1(x)$在此分裂域上的根,从而 $\alpha_1,\alpha_2,\cdots,\alpha_n$ 就是 $f(x)$的所有根. 再由引理 3.3.4 知,$F(\alpha_1,\alpha_2,\cdots,\alpha_n)$就是 $f(x)$在 F 上的分裂域. ▌

例 3.3.6　求 $f(x)=x^3-1$ 在 $\mathbf{Q}$ 上的分裂域.

解　因为

$$f(x)=(x-1)\left(x-\frac{-1+\sqrt{3}\mathrm{i}}{2}\right)\left(x-\frac{-1-\sqrt{3}\mathrm{i}}{2}\right),$$

故由引理 3.3.4 知,$f(x)$在 $\mathbf{Q}(x)$上的分裂域为

$$\mathbf{Q}\left(1,\frac{-1+\sqrt{3}\mathrm{i}}{2},\frac{-1-\sqrt{3}\mathrm{i}}{2}\right)=\mathbf{Q}(\sqrt{3}\mathrm{i}).$$

这就是一切复数 $a+b\sqrt{3}\mathrm{i}(a,b\in\mathbf{Q})$构成的数域. ▌

例 3.3.7　设 p 是素数,求多项式 $f(x)=x^p-2$ 在有理数域 $\mathbf{Q}$ 上的分裂域和此分裂域的扩张次数.

解　由 Eisenstein 判别定理知 $f(x)$在 $\mathbf{Q}$ 上不可约. 又易知 $f(x)$有一个实根为$\sqrt[p]{2}$,故$\sqrt[p]{2}$的极小多项式是 $f(x)$,于是$[\mathbf{Q}(\sqrt[p]{2}):\mathbf{Q}]=p$.

设 α 是 $f(x)$的任一复根,则

$$\left(\frac{\alpha}{\sqrt[p]{2}}\right)^p=\frac{\alpha^p}{2}=1,$$

因此 $\alpha=\sqrt[p]{2}\omega^k$,其中,$k=0,1,\cdots,p-1$;$\omega=\cos\dfrac{2\pi}{p}+\mathrm{i}\sin\dfrac{2\pi}{p}$是 $x^p-1=0$ 的一个复根. 多项式 x^p-1 在 $\mathbf{Q}$ 上可分解为

$$x^p-1=(x-1)(x^{p-1}+x^{p-2}+\cdots+1),$$

其中 $x^{p-1}+x^{p-2}+\cdots+1$ 是不可约的,故是 ω 的极小多项式,则$[\mathbf{Q}(\omega):\mathbf{Q}]=p-1$. 多项式 x^p-2 的根可以写为

$$\sqrt[p]{2},\quad \sqrt[p]{2}\omega,\quad \sqrt[p]{2}\omega^2,\quad \cdots,\quad \sqrt[p]{2}\omega^{p-1},$$

因此 $f(x)$在 $\mathbf{Q}(\sqrt[p]{2},\omega)$上可分解为一次因式之积. 又因为

$$\mathbf{Q}(\sqrt[p]{2},\sqrt[p]{2}\omega,\cdots,\sqrt[p]{2}\omega^{p-1})=\mathbf{Q}(\sqrt[p]{2},\omega),$$

故 $\mathbf{Q}(\sqrt[p]{2},\omega)$是 $f(x)$的分裂域.

下面来计算扩张次数. 因为

$$\begin{aligned}[\mathbf{Q}(\sqrt[p]{2},\omega):\mathbf{Q}]&=[\mathbf{Q}(\sqrt[p]{2},\omega):\mathbf{Q}(\sqrt[p]{2})][\mathbf{Q}(\sqrt[p]{2}):\mathbf{Q}]\\&=[\mathbf{Q}(\sqrt[p]{2},\omega):\mathbf{Q}(\omega)][\mathbf{Q}(\omega):\mathbf{Q}],\end{aligned}$$

所以$[\mathbf{Q}(\sqrt[p]{2},\omega):\mathbf{Q}]$含有一个素因子 p 和另一个因子 $p-1$. 又因为 ω 适合$\mathbf{Q}(\sqrt[p]{2})$上的多项式 $x^{p-1}+x^{p-2}+\cdots+1=0$,因此 ω 在 $\mathbf{Q}(\sqrt[p]{2})$上的极小多项式的次数小于等于 $p-1$,于是$[\mathbf{Q}(\sqrt[p]{2},\omega):\mathbf{Q}(\sqrt[p]{2})]\leqslant p-1$. 同理$[\mathbf{Q}(\sqrt[p]{2},\omega):\mathbf{Q}(\omega)]\leqslant p$.

综上所述,可得$[\mathbf{Q}(\sqrt[p]{2},\omega):\mathbf{Q}]=p(p-1)$. ▌

例 3.3.8 设 p 是一个素数,求 $f(x)=x^p-1$ 在 $\mathbf{Z}_p$ 上的分裂域.

解 因为 $x^p-1=(x-1)^p$,所以 $f(x)$的分裂域就是 $\mathbf{Z}_p$. ▌

例 3.3.9 求 $f(x)=x^3+x+1$ 在 $\mathbf{Z}_2$ 上的分裂域.

解 易证 $f(x)$在 $\mathbf{Z}_2$ 上没有根,从而没有一次因式. 于是 $f(x)$在 $\mathbf{Z}_2$ 上不可约,从而商环 $\mathbf{Z}_2[x]/(f(x))$是域. 令 $r=x+(f(x))$,则域 $\mathbf{Z}_2[x]/(f(x))$中元素为

$$0,\ 1,\ r,\ 1+r,\ r^2,\ 1+r^2,\ r+r^2,\ 1+r+r^2,$$

共计 8 个. 又因为

$$\begin{gathered}f(r)=x^3+x+1+(f(x))=\bar{0},\\ f(r^2)=x^6+x^2+1+(f(x))=(x^3+x+1)^2+(f(x))=\bar{0},\end{gathered}$$

故 r,r^2 是 $f(x)$在 $\mathbf{Z}_2[x]/(f(x))$中两个不同的根,因此 $f(x)$在这个域中可以分解为一次因式的乘积,即它是 $f(x)$的分裂域. 显然

$$\mathbf{Z}_2[x]/(f(x))=\mathbf{Z}_2(r).$$ ▌

3.3.2 分裂域的唯一性

定义 3.3.10 设 E 是 F 的扩域,$\bar{E}$ 是 $\bar{F}$ 的扩域,σ 是 F 到 $\bar{F}$ 的一个同构映射,若 E 到 $\bar{E}$ 的同构映射 φ 能保持 σ 不动,即 $\varphi(a)=\sigma(a)$(对任意 $a\in F$),则称 φ 是 σ 的一个扩张.

如果 σ 是域 F 与 $\overline{F}$ 的同构映射，$a\in F$ 在 σ 下的像记为 $\overline{a}=\sigma(a)$，则当

$$f(x)=a_0+a_1x+\cdots+a_nx^n\in F[x]$$

时，记 $\overline{f}(x)=\overline{a}_0+\overline{a}_1x+\cdots+\overline{a}_nx^n\in\overline{F}[x]$.

引理 3.3.11　设 σ 是域 F 到域 $\overline{F}$ 的同构映射，则

(1) $g(x)\mid f(x)$ 当且仅当 $\overline{g}(x)\mid\overline{f}(x)$；

(2) $p(x)$ 在 F 上不可约当且仅当 $\overline{p}(x)$ 在 $\overline{F}$ 上不可约.

证明　(1) 定义

$$\varphi: F[x]\to\overline{F}[x],\quad \varphi(f(x))=\overline{f}(x).$$

由 $F\cong\overline{F}$ 易知 φ 是环同构. 设 $F[x]$ 中的多项式 $g(x)$ 和 $f(x)$ 满足 $g(x)\mid f(x)$，因而存在 $q(x)\in F[x]$ 使得 $f(x)=g(x)q(x)$，则

$$\overline{f}(x)=\varphi(f(x))=\varphi(g(x)q(x))=\overline{g}(x)\overline{q}(x),$$

因此 $\overline{g}(x)\mid\overline{f}(x)$. 易证反之亦成立.

(2) 由(1)易得. ▌

引理 3.3.12　设 η 是域 F 到域 $\overline{F}$ 的同构，E 与 $\overline{E}$ 分别是 F 和 $\overline{F}$ 的扩张，再设 $u\in E$ 是 F 上的代数元且极小多项式为 $p(x)$，则 η 可以扩张为 $F(u)$ 到 $\overline{E}$ 的单同态的充分必要条件是 $\overline{p}(x)$ 在 $\overline{E}$ 中有一个根且这种扩张的个数等于 $\overline{p}(x)$ 在 $\overline{E}$ 中的不同的根的个数.

证明　必要性. 设 η 的扩张为 $\overline{\eta}$. 因为 $p(u)=0$，所以 $\overline{p}(\overline{\eta}(u))=0$，即 $\overline{\eta}(u)$ 是 $\overline{p}(x)$ 的根.

充分性. 设 $\overline{u}$ 是 $\overline{p}(x)$ 在 $\overline{E}$ 中的一个根. 由引理 3.3.11 知，$\overline{p}(x)$ 也不可约. 于是有同构 $F(u)\cong F[x]/(p(x))$ 和 $\overline{F}(\overline{u})\cong\overline{F}[x]/(\overline{p}(x))$. 作映射

$$\varphi: F(x)\to\overline{F}[x]/(\overline{p}(x)),\quad \varphi(f(x))=\overline{f}(x)+(\overline{p}(x)),$$

易证这是一个满的环同态且 $\mathrm{Ker}\varphi=(p(x))$，于是有环(域)同构

$$F[x]/(p(x))\cong\overline{F}[x]/(\overline{p}(x)).$$

这样我们就得到域同构 $F(u)\cong\overline{F}(\overline{u})$. 另一方面，由于 $\overline{F}(\overline{u})$ 是 $\overline{E}$ 的子域，我们得到域同态 $\overline{\eta}: F(u)\to\overline{E}$. 因为 $F(u)$ 是域，$\mathrm{Ker}\overline{\eta}$ 只能为 $\{0\}$，故 $\overline{\eta}$ 必是单同态. 下证 $\overline{\eta}$ 是 η 的单扩张.

注意到映射

$$F(u)\to F[x]/(p(x))$$

将 F 中元 a 映射为 $a+(p(x))$，映射

$$F[x]/(p(x)) \to \bar{F}[x]/(\bar{p}(x))$$

将 $a+(p(x))$ 映射为 $\bar{a}+(\bar{p}(x))=\eta(a)+(\bar{p}(x))$，映射

$$\bar{F}[x]/(\bar{p}(x)) \to F(\bar{u})$$

将 $\eta(a)+(\bar{p}(x))$ 映射为 $\eta(a)$，因此 $\bar{\eta}(a)=\eta(a)$，故 $\bar{\eta}$ 是 η 的扩张.

最后，注意到对任意的 $f(u)\in F(u)=F[u]$，$f(u)=a_0+a_1u+\cdots+a_nu^n$，有

$$\bar{\eta}(f(u))=\bar{f}(\bar{u})=\eta(a_0)+\eta(a_1)\bar{u}+\cdots+\eta(a_n)\bar{u}^n.$$

特别地，$\bar{\eta}(u)=\bar{u}$. 因为 $F(u)$ 由 F 及 u 生成，故将 u 变成 $\bar{u}$ 的 η 的扩张是唯一的. 同时，$\bar{p}(x)$ 的不同的根给出了不同的扩张，因此 η 的扩张正好等于 $\bar{p}(x)$ 在 $\bar{E}$ 中的不同的根的个数. ▌

定理 3.3.13 设 $\bar{\eta}:F\to\bar{F}$ 是域同构，$f(x)$ 是 $F[x]$ 中的首一多项式，E 和 $\bar{E}$ 分别是 $f(x)$ 和 $\bar{f}(x)$ 的分裂域，则 η 可以扩张为 E 到 $\bar{E}$ 的域同构. 进一步，这种扩张的个数不超过 $[E:F]$，且当 $\bar{f}(x)$ 在 $\bar{E}$ 中无零根时，正好等于 $[E:F]$.

证明 对扩张的次数 $[E:F]$ 运用数学归纳法.

首先，$[E:F]=1$ 时，$f(x)=(x-a_1)\cdots(x-a_n)$，其中 $a_i\in F$，则

$$\bar{f}(x)=(x-\bar{a}_1)\cdots(x-\bar{a}_n),$$

即 $\bar{a}_1,\cdots,\bar{a}_n$ 是 $\bar{f}(x)$ 在 $\bar{F}$ 中的根，所以 $\bar{E}=\bar{F}$. 于是 η 的扩张就是自己，从而唯一性显然.

其次，假设 $[E:F]>1$. 此时 $f(x)$ 在 $F[x]$ 中不能分解成一次因子的乘积，因此可设 $p(x)$ 是 $f(x)$ 的一个次数为 $m>1$ 的不可约因子. 由引理 3.3.11 可知 $\bar{p}(x)$ 也是 $\bar{f}(x)$ 的不可约因子. 又设 b 是 $p(x)$ 在 E 中的一个根. 令 $K=F(b)$，由于 $p(x)$ 在 F 上不可约，故 $p(x)$ 是 b 在 K 上的极小多项式且 $[K:F]=m$. 由引理 3.3.12 可知存在 k 个从 K 到 $\bar{E}$ 的单同态 $\bar{\eta}_1,\cdots,\bar{\eta}_k$，它们都是 η 的扩张，其中 k 是 $\bar{g}(x)$ 在 $\bar{E}$ 中的不同的根的个数且 $k\leqslant m$. 由分裂域的定义知 E 也可以看成是 $K[x]$ 中多项式 $f(x)$ 的分裂域. 类似地，E 也是 $\bar{f}(x)$ 作为 $\bar{\eta}_i(K)(i=1,2,\cdots,k)$ 上的多项式的分裂域. 显然 $[E:K]<[E:F]$. 因此，可在 E 对 K 的扩张运用数学归纳法，从而每个 $\bar{\eta}_i$ 可以扩张为 $E\to\bar{E}$ 的同构且这些扩张数目不超过 $[E:K]$，而当 $\bar{f}(x)$ 在 $\bar{E}$ 中的根都是单根时正好等于 $[E:K]$.

另一方面，这样得到的 E 到 $\bar{E}$ 的同构显然都是 η 的扩张. 因为 η 的这些扩张作为不同的 $\bar{\eta}_i$ 的扩张也互不相同，故其总数不超过

$$m[E:K]=[K:F][E:K]=[E:F].$$

当 $\bar{f}(x)$ 的根全是单根时正好等于 $[E:F]$. ▌

推论 3.3.14　设 $f(x)$ 为域 F 上的任一多项式，则 $f(x)$ 的分裂域在同构意义下唯一.

证明　在定理 3.3.13 中取 $F=\bar{F}$，η 为恒等映射即可. ▌

注 3.3.15　在定理 3.3.13 中取 $F=\bar{F}$，η 为恒等映射并设 $E=\bar{E}$，则 F 上的恒等同态可扩充为 E 的自同构的个数不超过 $[E:F]$，且当 $f(x)$ 无重根时个数正好等于 $[E:F]$.

习题 3.3

1. 试问映射

$$f:a+b\sqrt{2}\rightarrow a+b\sqrt{3}\quad (a,b\in\mathbf{Q})$$

是否为有理数域 $\mathbf{Q}$ 上的单扩域 $\mathbf{Q}(\sqrt{2})$ 与 $\mathbf{Q}(\sqrt{3})$ 的同构映射？这两个单扩张是否同构？

2. 求多项式 $f(x)=x^6-1$ 在 $\mathbf{Q}$ 上的分裂域.

3. 求多项式 $f(x)=x^4+2$ 在 $\mathbf{Q}$ 上的分裂域.

4. 证明：多项式 x^4+1 在 $\mathbf{Q}$ 上的分裂域是一个单扩域 $\mathbf{Q}(\alpha)$，其中 α 是 x^4+1 的一个根.

5. 求多项式 $f(x)=x^2+x+1$ 在 $\mathbf{Z}_2$ 上的分裂域.

6. 求多项式 $f(x)=x^2+2x+1$ 在 $\mathbf{Z}_3$ 上的分裂域.

7. 设 p 是一个素数，E 是 x^p-1 在 $\mathbf{Q}$ 上的分裂域，证明：

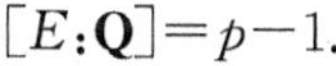

$$[E:\mathbf{Q}]=p-1.$$

习题 3.3 参考答案

3.4　有限域

有限域通常又称为伽罗瓦域，其在计算机科学、通信理论、组合理论等方面有很多应用. 本节将讨论有限域的基本理论.

根据现有的知识我们知道，一个有限域 F 的特征必然是某一个素数 p，因此 F 的素域为 $\mathbf{Z}_p$.

引理 3.4.1　设 F 是一个有限域且 $[F:\mathbf{Z}_p]=n$，则 F 中含 p^n 个元素.

证明　因为 F 作为 $\mathbf{Z}_p$ 上的向量空间是 n 维的，所以可设 F 的一组基为 α_1，

$\alpha_2,\cdots,\alpha_n$，则 F 中每个元素可唯一表示为

$$k_1\alpha_1+k_2\alpha_2+\cdots+k_n\alpha_n,\quad k_i\in\mathbf{Z}_p \text{ 且 } i=1,2,\cdots,n.$$

由于每个 k_i 在 $\mathbf{Z}_p$ 中有 p 种取法，故系数共有 p^n 种取法. 另一方面，每一种取法决定 F 中唯一的元素，故 F 中有 p^n 个元素.▌

由上面的引理知任一有限域所含元素个数一定是一个素数 p 的方幂，我们将这样的有限域记为 $GF(p^n)$，其中 n 是其在 $\mathbf{Z}_p$ 上的次数.

引理 3.4.2 设 p 是一个素数，n 是一个正整数，则有限域 $F=GF(p^n)$ 是多项式 $x^{p^n}-x$ 在 $\mathbf{Z}_p$ 上的分裂域.

证明 因为 F 中全体非零元的集合 F^* 是一个 p^n-1 阶乘法群，所以对 F^* 中任意元素 α 有

$$\alpha^{p^n-1}=1,$$

从而 F 中每个元素(包括 0 在内)都满足 $x^{p^n}=x$，即都是多项式 $x^{p^n}-x$ 的根. 于是在 $F[x]$中 $x^{p^n}-x$ 有分解式

$$x^{p^n}-x=(x-\alpha_1)(x-\alpha_2)\cdots(x-\alpha_{p^n}),$$

其中 $F=\{\alpha_1,\alpha_2,\cdots,\alpha_{p^n}\}$. 于是 F 是多项式 $x^{p^n}-x$ 的分裂域，且

$$F=\mathbf{Z}_p(\alpha_1,\alpha_2,\cdots,\alpha_n).$$▌

推论 3.4.3 设 p 是素数，则任意 p^n 阶有限域都同构.

证明 由于特征为 p 的素域都同构，而多项式 $x^{p^n}-x$ 在同构的域下的分裂域也同构，从而任意 p^n 阶有限域都同构.▌

下面我们讨论有限域的构造.

定理 3.4.4 设 $p(x)$是域 $\mathbf{Z}_p$ 上一个 n 次不可约多项式，则商环

$$\mathbf{Z}_p[x]/(p(x))$$

是一个含有 p^n 个元素的有限域.

证明 因为 $p(x)$是不可约多项式，所以$(p(x))$是环 $\mathbf{Z}_p[x]$的极大理想，从而 $\mathbf{Z}_p[x]/(p(x))$是一个域. 又因为域 $\mathbf{Z}_p[x]/(p(x))$中每个元素都可唯一地表示成

$$a_0+a_1x+\cdots+a_{n-1}x^{n-1}+(p(x)),\quad a_i\in\mathbf{Z}_p \text{ 且 } i=0,1,\cdots,n-1,$$

其中系数取自 $\mathbf{Z}_p$，故每个 a_i 有 p 种取法，则 $\mathbf{Z}_p[x]/(p(x))$中元素共有 p^n 个.▌

例 3.4.5 构造一个含有 4 个元素的有限域.

解 因为 $4=2^2$，故需在 $\mathbf{Z}_2$ 上找一个 2 次不可约多项式. 易知 $p(x)=x^2+x+1$

是 $\mathbf{Z}_2$ 上一个不可约多项式，从而

$$\mathbf{Z}_2[x]/(x^2+x+1)$$

是一个含有 4 个元素的有限域. 如果将 $a_0+a_1x+(x^2+x+1)$ 简记为 a_0+a_1x，则这个有限域的 4 个元素可以写成

$$0,\ 1,\ x,\ x+1.$$

需要注意的是，它们的加法和乘法遵从模 2 的运算且乘法是除 x^2+x+1 后所得的余式，比如

$$x(x+1)=x^2+x=(x^2+x+1)+1=1,\quad x+(x+1)=2x+1=1. \blacksquare$$

例 3.4.6　构造一个含有 9 个元素的域.

解　因为 $9=3^2$，故需找 $\mathbf{Z}_3$ 上的一个 2 次不可约多项式 $p(x)$. 易知 $p(x)=x^2+1$ 在 $\mathbf{Z}_3$ 上不可约，于是可得含有 9 个元素的有限域为

$$\mathbf{Z}_3[x]/(x^2+1)=\{0,1,2,x,x+1,x+2,2x,2x+1,2x+2\}. \blacksquare$$

习题 3.4

1. 证明：包含域 $\mathbf{Z}_p$ 的每个有限域都是 $\mathbf{Z}_p$ 的单扩张.

2. 证明：在特征为 p 的有限域中任意元素可以开 p 次方.

3. 设 p 是一个素数，证明：对任何正整数 n，都存在一个在域 $\mathbf{Z}_p$ 上不可约的 n 次多项式.

4. (1) 证明：多项式 x^2+x+1 与 x^3+x+1 在 $\mathbf{Z}_2$ 上不可约；

(2) 求 8 阶有限域 $\mathbf{Z}_2[x]/(x^3+x+1)$ 的所有元素.

5. 证明：任何有限域一定有比它大的代数扩张.

6. 试求出域 $\mathbf{Z}_2$ 上全部的 3 次不可约多项式.

7. 令 F 是一个有限域，Δ 是它所含的素域，且 $F=\Delta(\alpha)$，试问 α 是否一定是乘法群 F^* 的生成元？

8. 设 F 是一个特征不为 2 的域，证明：若 F^* 为循环群，则 F 为有限域.

习题 3.4 参考答案

第 4 章　近世代数实验

近世代数不仅是现代数学研究的基石，更是渗透到密码学、量子计算、编码理论、计算机科学等前沿领域，成为连接纯粹数学与应用技术的桥梁。本章聚焦同余的应用、群在计算机中的存储、图形的对称性、群作用举例、线性纠错码、GAP 简介及应用六个方面，通过数学实验连接理论与应用，增强读者对理论的理解，培养数学建模能力与创新思维.

4.1　同余的应用

同余运算是数论中的核心内容之一，它通过将无限的整数集映射到有限的模数系统（如[0]，[1]，[2]，…，[$m-1$]）从而简化复杂问题，尤其适合处理周期性、重复性、有限状态的场景. 同余运算通过数学抽象，将现实中的循环、校验、加密等需求转化为高效计算. 下面我们以 RSA 加密算法为例展示同余运算的应用.

RSA 加密算法是一个比较完善的公开密钥算法，既能用于加密，也能用于数字签名. RSA 加密算法的安全性基于大整数的素因子分解这一公认的数学难题.

RSA 加密算法包含下面三个步骤：

(1) 密钥的产生

① 选取两个保密的大素数 p 和 q；

② 计算 $n=pq$ 和欧拉函数 $\varphi(n)=(p-1)(q-1)$；

③ 选一个比 $\varphi(n)$ 小且与 $\varphi(n)$ 互素的整数 $e(e>1)$；

④ 计算满足

$$de\equiv 1(\bmod \varphi(n))$$

的正整数 d；

⑤ 以 $\{e,n\}$ 为公开密钥对外发布，$\{d,n\}$ 为私密密钥自己保存.

(2) 加密

加密时，首先将明文分组，使得每个分组对应的十进制数小于 n，然后对每个明文分组 m 做加密运算，即

$$c\equiv m^e(\bmod n).$$

(3) 解密

对密文分组的解密运算为

$$m \equiv c^d \pmod{n}.$$

关于 RSA 加密算法有两点需要解释：

(1) d 的存在性

因为 e 与 $\varphi(n)$ 互素，所以存在整数 d 和 k 使

$$de + k\varphi(n) = 1,$$

从而 $\varphi(n) \mid (1-de)$，即 $de \equiv 1(\bmod \varphi(n))$，故 d 就是 e 在模 $\varphi(n)$ 下的乘法逆.

(2) 解密过程的正确性

由加密过程，可知 $c \equiv m^e \pmod{n}$，所以

$$c^d \equiv m^{ed} \pmod{n} \equiv m^{k\varphi(n)+1} \pmod{n}.$$

下面分两种情况讨论：

① 若 m 与 n 互素，则由 Euler 定理得 $m^{\varphi(n)} \equiv 1 \pmod{n}$，所以

$$c^d \equiv m^{k\varphi(n)} \cdot m \pmod{n} \equiv m \pmod{n},$$

即 $c^d \pmod{n} \equiv m$.

② 若 m 与 n 不互素，则 m 是 p 的倍数或 q 的倍数. 不妨设 $m = tp$，其中 t 为一个正整数. 此时必有 m 和 q 互素，否则 m 也是 q 的倍数，从而是 pq 的倍数，而这与 $m < n = pq$ 矛盾.

由 m 和 q 互素及 Euler 定理得

$$m^{\varphi(q)} \equiv 1 \pmod{q},$$

所以

$$m^{k\varphi(n)} \equiv 1 \pmod{q}, \quad [m^{k\varphi(q)}]^{\varphi(p)} \equiv m^{k\varphi(n)} \equiv 1 \pmod{q}.$$

因此存在整数 r 使得 $m^{k\varphi(n)} = 1 + rq$，两边同乘以 $m = tp$ 得

$$m^{k\varphi(n)+1} = m + rtpq = m + rtn,$$

即 $m^{k\varphi(n)+1} \equiv m \pmod{n}$，故 $c^d \pmod{n} \equiv m$. 这就证明了解密过程的正确性.

例 4.1.1　设 $n = 5515596313 = 71593 \times 77041$，$e = 1757316971$，满足 $1 < e < \varphi(n)$，且 $\gcd(\varphi(n), e) = 1$. 确定 $d \equiv e^{-1}(\bmod (71593-1)(77041-1)) \equiv 2674607171$. 又设待加密的消息是“please wait for me”. 为了对消息加密，首先将消息的每一字母

转换为两位十进制数字.已知转换关系由表 4.1.1 给出,得明文为

$$m=1612050119050023010920000615180013 05$$

表 4.1.1　英文字母和二位十进制数的对应关系

字母	空格	a	b	c	d	e	f	g	h	i	j	k	l	m
数字	00	01	02	03	04	05	06	07	08	09	10	11	12	13
字母	n	o	p	q	r	s	t	u	v	w	x	y	z	—
数字	14	15	16	17	18	19	20	21	22	23	24	25	26	—

将明文分成 4 个组,最后一个分组的右端补 0,得

$$\begin{aligned} m &= (m_1, m_2, m_3, m_4) \\ &= (1612050119, 0500230109, 2000061518, 0013050000), \end{aligned}$$

计算密文分组得

$$c_1 \equiv 1612050119^{1757316971} \equiv 763222127 (\mathrm{mod} 5515596313),$$
$$c_2 \equiv 0500230109^{1757316971} \equiv 1991534528 (\mathrm{mod} 5515596313),$$
$$c_3 \equiv 2000061518^{1757316971} \equiv 74882553 (\mathrm{mod} 5515596313),$$
$$c_4 \equiv 0013050000^{1757316971} \equiv 3895624854 (\mathrm{mod} 5515596313),$$

得到密文为

$$c = (c_1, c_2, c_3, c_4) = (763222127, 1991534528, 74882553, 3895624854),$$

解密得

$$m_1 \equiv 763222127^{2674607171} \equiv 1612050119 (\mathrm{mod} 5515596313),$$
$$m_2 \equiv 1991534528^{2674607171} \equiv 500230109 (\mathrm{mod} 5515596313),$$
$$m_3 \equiv 74882553^{2674607171} \equiv 2000061518 (\mathrm{mod} 5515596313),$$
$$m_4 \equiv 3895624854^{2674607171} \equiv 13050000 (\mathrm{mod} 5515596313),$$

给第二分组和第四分组前面补 0,得明文为

$$m = (m_1, m_2, m_3, m_4) = (1612050119, 0500230109, 2000061518, 0013050000),$$

再由表 4.1.1,得消息为“please wait for me”.

实验 4.1

1. 编程实现明文的的数字化、RSA 的加密和解密及 n 较小时(如小于 10000)

对 RSA 密码系统进行破解.

2. 如果两个人的年龄差是 12 的倍数,则他们的生肖相同. 利用同余知识编制程序实现如下功能:给定一个人的出生年,计算出此人的生肖(只考虑公历,不考虑阴历和公历交叉的情况).

3. 蔡勒公式是由德国数学家克里斯蒂安・蔡勒(Christian Zeller)于 19 世纪提出的数学公式,用于快速计算给定日期在格里高利历(现行公历)中对应的星期数. 请查阅蔡勒公式的算法并编程实现它.

4.2　群在计算机中的存储

随着大规模计算的出现,传统的手工计算已经不能满足日新月异的科技发展的要求. 而解决计算机处理有限群的计算问题的关键是寻求群在计算机中存储的统一形式. 由 Cayley 定理我们知道任一有限群都同构于一个置换群,因此我们可以将与某一有限群同构的置换群存储在计算机中用于计算,这就实现了存储和计算的统一性.

那么对一个具体的有限群,如何计算与之同构的置换群呢? Cayley 定理的证明给出了答案,现将其描述如下.

设 $G=\{g_1,g_2,\cdots,g_n\}$ 为有限群. 由 Cayley 定理的证明可知与 G 同构的置换群 H 就是 G 上的变换群,且 H 中元素就是 G 上的左平移. 要明确写出对应的置换,只需作如下运算:

(1) 将 G 中元素排成一行,对应到指标集 $\{1,2,\cdots,n\}$,即

$$\{g_1,g_2,\cdots,g_n\} \leftrightarrow \{1,2,\cdots,n\}.$$

(2) 将左平移 τ_g 作用下的元素排成一行,对应到群中元素,再对应到指标集,即

$$\{gg_1,gg_2,\cdots,gg_n\} \leftrightarrow \{g_{i_1},g_{i_2},\cdots,g_{i_n}\} \leftrightarrow \{i_1,i_2,\cdots,i_n\}.$$

(3) 写出 τ_g 对应的置换

$$\tau_g=\begin{pmatrix} 1 & 2 & \cdots & n \\ i_1 & i_2 & \cdots & i_n \end{pmatrix}.$$

(4) $H=\{\tau_g \mid \tau_g \in G\}$ 就是所求置换群.

例 4.2.1　写出与克莱因(Klein)四元群同构的置换群.

解　记克莱因四元群 $K_4=\{e,a,b,c\}$,其乘法表为

	e	a	b	c
e	e	a	b	c
a	a	e	c	b
b	b	c	e	a
c	c	b	a	e

将$\{e,a,b,c\}$对应为$\{1,2,3,4\}$,则由 K_4 的乘法表知

$$\tau_a=\begin{pmatrix}1&2&3&4\\2&1&4&3\end{pmatrix}=(12)(34),\quad \tau_b=\begin{pmatrix}1&2&3&4\\3&4&1&2\end{pmatrix}=(13)(24),$$

$$\tau_c=\begin{pmatrix}1&2&3&4\\4&3&2&1\end{pmatrix}=(14)(23).$$

最后,$\tau_e=(1)$. 因此与 K_4 同构的置换群为

$$\{(1),(12)(34),(13)(24),(14)(23)\}.\blacksquare$$

例 4.2.2 计算与 Hamilton 四元数群 Q_8 同构的置换群.

解 记 $Q_8=\{\pm1,\pm i,\pm j,\pm k\}$,其乘法关系为

$$i^2=j^2=k^2=-1,\quad ij=-ji=k,\quad jk=-kj=i,\quad ki=-ik=j.$$

将 H 中元素作如下排序 $H=\{1,i,-1,-i,j,k,-j,-k\}$并对应到$\{1,2,\cdots,8\}$. 利用与上例相同的方法可得与 H 同构的置换群为

$$\{(1),(2341)(6785),(31)(42)(75)(86),(4321)(8765),(5371)(8462),$$
$$(6381)(5472),(7351)(6482),(8361)(7452)\}.\blacksquare$$

需要指出的是,以上方法带有一定的机械性,若将其交由计算机执行,可以解决高阶群的问题.

实验 4.2

1. 利用本节所学知识编制程序实现如下功能:对于一个给定的有限群,输出与之等价的置换群.

2. 利用本节所学知识编制程序实现两个置换相乘.

4.3 图形的对称性

设 S 是平面或空间中的一个图形,图形 S 上一个保持距离的双射 $f:S\rightarrow S$ 称为 S 的对称. 这里的保持距离是指对 S 上的任意两点 x 和 y,$f(x)$与 $f(y)$之间的

距离等于 x 与 y 之间的距离. 易知,S 上的所有对称关于映射的合成构成一个群.

设 S 是平面上的正 n 边形,则 S 上的所有对称构成的群称为二面体群,记作 D_n. 令 S 的中心为 O,n 个顶点分别为 $1,2,\cdots,n$,并记 $\theta=\frac{2\pi}{n}$,则二面体群 D_n 中的元素可表述如下:

(1) n 个对称是绕中心 O 逆时针旋转 $\theta,2\theta,\cdots,n\theta$ 的 n 个旋转.

(2) 如果 n 是奇数,则 n 个对称是关于过顶点和对边中点的直线的翻转;如果 n 是偶数,则 n 个对称是 $\frac{n}{2}$ 个关于过中心 O 和顶点的直线的翻转和 $\frac{n}{2}$ 个关于过中心 O 和一边中点的直线的翻转.

因为 S 上的对称保持 S 的形状不变,只是改变了顶点的位置,所以可以用置换表示正 n 边形的对称. 下面我们以正 4 边形为例直观给出旋转、翻转与置换的对应关系:

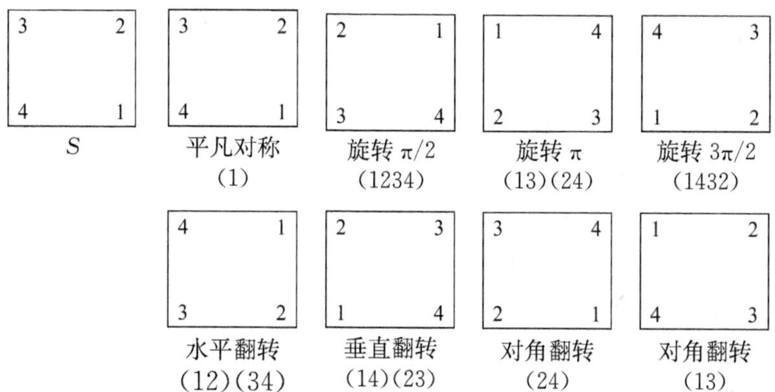

容易验证:一个旋转和一个翻转的合成依然是一个翻转,任意两个翻转的合成是一个旋转.

实验 4.3

1. 写出正 3 边形和正 5 边形的所有对称,并写出与之对应的置换.

2. 根据第 1 题的结论写出 D_3 和 D_5 的生成元,并用这些生成元表示 D_3 和 D_5 的所有元素.

3. 根据第 2 题的结论推断出 D_n 的生成元,并用这些生成元表示 D_n 的所有元素.

4. 利用线性变换表示本节中正 4 边形的旋转和翻转.

4.4 群作用举例

群在集合上的作用是近世代数中的一个核心概念，群的对称性在几何、组合数学与计数以及物理学、计算机科学中都具有广泛的应用. 本节将研究 3 阶对称群 S_3 如何作用于正三角形并计算群作用在三角形顶点上的轨道和稳定子群，以及验证轨道稳定定理.

我们首先将 S_3 中的元素用循环置换的形式写出，即

$$e=(1),\quad \sigma_1=(123),\quad \sigma_2=(132),\quad \tau_1=(12),\quad \tau_2=(13),\quad \tau_3=(23).$$

如图 4.4.1 所示，将正三角形的顶点标记为$\{1,2,3\}$，群 S_3 通过置换顶点的方式作用在三角形上，即 S_3 看作集合 $S=\{1,2,3\}$ 上的置换群.

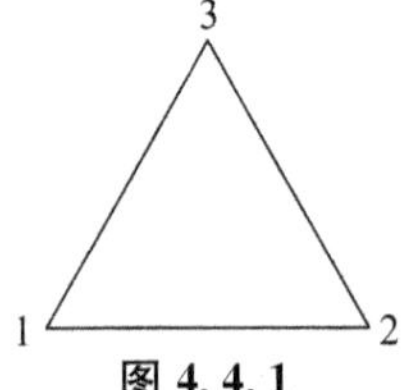

图 4.4.1

比如，$\sigma_1=(123)$作用后，顶点 $1\rightarrow 2, 2\rightarrow 3, 3\rightarrow 1$(即顺时针旋转 120°)；$\tau_1=(12)$作用后，顶点 $1\leftrightarrow 2$，顶点 3 不变(即关于顶点 3 的对称轴反射). 其他的作用如下：

$e=(1)$为恒等置换；

$\sigma_2=(132)$将正三角形逆时针旋转 120°；

$\tau_2=(13)$关于顶点 2 的对称轴反射；

$\tau_3=(23)$关于顶点 1 的对称轴反射.

选择顶点 1 作为研究对象，计算其轨道

$$S_3 1=\{g\cdot 1\mid g\in S_3\}.$$

再计算所有群作用对顶点 1 的影响：

$$e\cdot 1=1,\quad \sigma_1\cdot 1=2,\quad \sigma_2\cdot 1=3,\quad \tau_1\cdot 1=2,\quad \tau_2\cdot 1=3,\quad \tau_3\cdot 1=1.$$

因此 $S_3 1=\{1,2,3\}$，即整个顶点集，说明 S_3 的作用是可迁的.

稳定子群 Stab1 是所有保持顶点 1 不变的群元素：

$$\mathrm{Stab}1=\{g\in S_3\mid g\cdot 1=1\}.$$

检查哪些群作用不改变顶点 1：

$$e\cdot 1=1,\quad \tau_3\cdot 1=1.$$

因此

$$\mathrm{Stab}1=\{e,\tau_3\}.$$

这是一个 2 阶子群. 因此 $|S_3 1|=[S_3:\mathrm{Stab}1]=3$,满足轨道稳定定理.

类似地,可以计算顶点 2 和顶点 3 的轨道和稳定子群:

$$S_3 2=\{1,2,3\},\quad \mathrm{Stab}2=\{e,\tau_2\};$$
$$S_3 3=\{1,2,3\},\quad \mathrm{Stab}3=\{e,\tau_1\}.$$

实验 4.4

1. 研究二面体群 D_4 对正方形的作用,写出每个顶点的轨道和稳定子群.
2. 研究对称群 S_4 对正四面体的作用,写出每个顶点的轨道和稳定子群.

4.5　线性纠错码

在现代通信系统中,数据传输的可靠性至关重要. 由于信道噪声、干扰等因素,传输过程中可能会发生数据错误. 纠错码通过引入冗余信息,可使接收端能够检测并纠正错误.

编码通常以二进制形式传输,信息由 0 和 1 组成的有限集合表示,例如,00011 或 10100. 固定正整数 n,长度为 n 的字 w 是 $\mathbf{Z}_2^n$ 中的元素,记为

$$w=a_1a_2\cdots a_n,\quad 其中\ a_i\in\{0,1\}.$$

用 B 表示二元域$(\mathbf{Z}_2,+,\cdot)$,则 B^n 是一个 2^n 阶交换群,也是 B 上的 n 维向量空间. 群 B^n 的群结构如下:

加法:$a_1\cdots a_n+b_1\cdots b_n=c_1\cdots c_n$,其中 $c_i=a_i+b_i$;

逆元:每个元素的逆元是其自身.

我们考虑一个长度为 m 的原始字 w,转而传输一个长度为 n 的码字 $f(w)$. 该码字需包含冗余信息,以便能够检测并纠正传输过程中可能产生的错误. 此过程由编码函数 $f:B^m\rightarrow B^n$ 实现.

为了能够从码字 $f(w)$中得到原来的字 w,f 必须是一个单射且 $n>m$. 在实践中有必要进行权衡:n 越大,我们拥有的冗余越多,就越容易捕获及纠正错误;然而,传输的信息越长,则成本越高.

例 4.5.1(奇偶校验码)　取 $n=m+1$,定义 $f(w)=wx$,其中

$$x=\sum_{i=1}^{m}a_i \bmod 2.$$

如果字 w 中的非零数字的个数为偶数，则校验数字 x 为 0，否则为 1. 如果在传输过程中有奇数个错误，则 $f(w)$ 中前 n 位的和必不等于 x，从而错误肯定会被检测到. 但我们不能纠正它，因为我们不知道它在哪里.

例 4.5.2(重复码) 取 $n=3m$，定义 $f(w)=www$. 通过比较三个副本可高概率纠正错误.

定义 4.5.3 设 $f:B^m\to B^n$ 是编码函数，如果 $f(B^m)$ 是 B^n 的一个子群，则称其是一个群码或线性码.

易见，如果 $f:B^m\to B^n$ 是一个群同态，那么它肯定是一个线性码.

在本文中，我们描述了一种使群码 f 成为群同态的有效方法.

定义 4.5.4 设 m 和 n 是正整数且 $m<n$，如果一个 $m\times n$ 矩阵 G 的前 m 列构成一个 $m\times m$ 单位矩阵 E_m，则称 G 是一个生成矩阵(元素在 B 中)，因此 $G=[E_m|A]$，其中 A 是 0 和 1 组成的 $m\times(n-m)$ 矩阵.

定义 4.5.5 将 B^m 的元素视为 $1\times m$ 矩阵(行向量)，一个 $m\times n$ 生成矩阵 G 可定义一个编码函数

$$f_G:B^m\to B^n,\ f_G(w)=wG,$$

并称 G 是编码函数 f_G 的生成矩阵.

例 4.5.6 取字为 $w=1011$，生成矩阵为

$$G=\begin{bmatrix}1&0&0&0&1&1&0\\0&1&0&0&1&0&1\\0&0&1&0&0&1&1\\0&0&0&1&1&1&1\end{bmatrix},$$

则在以上编码函数的作用下得到码字 $f_G(w)=1011010$.

为了发现并纠正错误，我们需要引入校验矩阵和校验子.

定义 4.5.7 设生成矩阵 $G=[E_m|A]$ 为 $m\times n$ 矩阵，则对应的奇偶校验矩阵是 $H=[A^{\mathrm{T}}|E_{n-m}]$，字 $w\in B^n$ 的校验子定义为 $Hw^{\mathrm{T}}\in B^{n-m}$.

定理 4.5.8 设 H 是对应于生成矩阵 G 的奇偶校验矩阵，则 $w\in B^n$ 是码字当且仅当校验子 $Hw^{\mathrm{T}}=0$.

证明 w 是码字当且仅当存在 $s\in B^m$ 使得 $w=sG=[s|sA]$，于是

$$Hw^{\mathrm{T}}=[A^{\mathrm{T}}|E_{n-m}]\begin{pmatrix}s^{\mathrm{T}}\\A^{\mathrm{T}}s^{\mathrm{T}}\end{pmatrix}=A^{\mathrm{T}}s^{\mathrm{T}}+A^{\mathrm{T}}s^{\mathrm{T}}=2A^{\mathrm{T}}s^{\mathrm{T}}=0.$$

反之，取 $w\in B^n$ 并分块为 $w=[u|v]$，其中 u 的长度是 m，v 的长度是 $n-m$. 如

果 $Hw^{\mathrm{T}}=0$，则

$$Hw^{\mathrm{T}}=[A^{\mathrm{T}}|E_{n-m}]\begin{pmatrix}u^{\mathrm{T}}\\v^{\mathrm{T}}\end{pmatrix}=A^{\mathrm{T}}u^{\mathrm{T}}+v^{\mathrm{T}}=0,$$

则 $v=uA$，从而 $w=[u|uA]=uG$. 因此，w 是一个码字. ▌

利用以上定理我们可以判断线性码在编码时有没有发生错误，若要确定错误的位置，则还需确定校验矩阵 H 的列向量与错误位置的对应关系.

设发送字为 c，接收向量为 $r=c+e$，其中 $e=e_1e_2\cdots e_n$ 为错误向量. 伴随式定义为 $s=Hr^{\mathrm{T}}=H(c+e)^{\mathrm{T}}=He^{\mathrm{T}}$（因 $Hc^{\mathrm{T}}=0$ 对码字成立）. 假设错误向量 e 仅在第 i 位有非零值，即

$$e=0\cdots0\underset{\substack{\uparrow\\ \text{第}i\text{位}}}{1}0\cdots0,$$

此时伴随式 $s=He^{\mathrm{T}}$ 即为 H 的第 i 列，记 $H^{(i)}$.

定理 4.5.9　若线性码的校验矩阵 H 的列向量两两不同，则单错误位置与伴随式一一对应，且错误定位唯一.

证明　对任意 $i\neq j$，若 $H^{(i)}=H^{(j)}$，则 H 的第 i 列与第 j 列相同，与条件矛盾. 因此，单错误伴随式唯一对应错误位置.

若接收向量 r 的伴随式 $s=H^{(i)}$，则错误向量为

$$e=0\cdots0\underset{\substack{\uparrow\\ \text{第}i\text{位}}}{1}0\cdots0,$$

改变 r 的第 i 位即可纠错. ▌

因此，若校验矩阵 H 满足任意两列互不相同，则每个单错误位置 i 对应唯一的伴随式 $s=H^{(i)}$. 通过查找 s 在 H 中的列位置，可唯一确定错误位置 i.

例 4.5.10　假设在例 4.5.6 的传输中第 6 位发生错误，接收向量为

$$r=1011000\quad(\text{正确码字应为 }1011010),$$

则校验矩阵为

$$H=\begin{bmatrix}1&1&0&1&1&0&0\\1&0&1&1&0&1&0\\0&1&1&1&0&0&1\end{bmatrix}.$$

计算伴随式：

$$s=Hr^{\mathrm{T}}=\begin{bmatrix}1&1&0&1&1&0&0\\1&0&1&1&0&1&0\\0&1&1&1&0&0&1\end{bmatrix}\begin{bmatrix}1\\0\\1\\1\\0\\0\\0\end{bmatrix}=\begin{bmatrix}0\\1\\0\end{bmatrix}.$$

查找 H 中列向量为$(0,1,0)^{\mathrm{T}}$ 的位置在第 6 列,因此传输中第 6 位发生了错误,只要修改 r 的第 6 位即可恢复正确码字 1011010.

这里我们只考虑单错误情形.对于多错误情形,需设计 H 满足更高阶的线性无关条件,有兴趣的读者可以阅读编码学的相关书籍.

实验 4.5

1. 在例 4.5.1 中取 $n=4$,构造生成矩阵 G 和校验矩阵 H.

2. 设一个线性码 $f_G:B^3\to B^6$ 的生成矩阵是

$$G=\begin{bmatrix}1&0&0&1&1&1\\0&1&0&1&0&1\\0&0&1&1&1&1\end{bmatrix},$$

试写出所有的原始字和它们对应的码字.

3. 设一个线性码 $f_G:B^4\to B^7$ 的生成矩阵是

$$G=\begin{bmatrix}1&0&0&0&0&1&1\\0&1&0&0&1&1&0\\0&0&1&0&1&1&1\\0&0&0&1&1&1&1\end{bmatrix},$$

试编写一个计算机程序完成编码、纠错和解码.

4.6 GAP 简介及应用

在第 4.2 节,我们利用 Cayley 定理解决了有限群在计算机中表示和存储的问题.其实,这种思想早已应用在数学软件 GAP(Groups,Algorithms,Programming)中.GAP 是一款开源的计算机代数系统,由全球数学家合作开发,广泛应用于近世代数、组合数学、编码理论、密码学以及化学中的对称性分析等领域，尤其在群论、组合数学等离散代数领域表现突出. 我们可从 https://www.gap-system.org 免费下载安装 GAP 软件.

在 GAP 中每一类群都有其专用的生成函数. 我们常用的群类型及对应的生成函数如表 4.6.1 所示：

表 4.6.1　GAP 中常用的群类型及对应的生成函数

群类型	生成函数
$n!$ 阶对称群	SymmetricGroup(n)
$n!/2$ 阶交错群	AlternatingGroup(IsPermGroup,n)
n 阶循环群	CyclicGroup(IsPermGroup,n)
n 阶二面体群	DihedralGroup(IsPermGroup,n)
四元数群	QuaternionGroup(IsPermGroup,8)
有限域 F_q 上 n 阶可逆方阵群(一般线性群)	GL(n,q)

在 GAP 提示符“gap>”后，我们通过输入以下代码来初步了解 GAP 的使用：

```
gap>d8:=DihedralGroup(IsPermGroup,8);
Group([(1,2,3,4),(2,4)])
gap>Elements(d8);
[(),(2,4),(1,2)(3,4),(1,2,3,4),(1,3),(1,3)(2,4),(1,4,3,2),(1,4)(2,3)]
gap>Size(d8);
8
```

第一条命令是生成一个 8 阶的二面体群 D_4，并把它赋值给变量 d8. 系统的返回信息显示这是一个由置换(1,2,3,4)和(2,4)生成的群.

第二条命令利用 Elements(d8)列出 d8 中的所有元素，其中()表示单位元.

第三条命令利用 Size(d8)计算 d8 的阶.

需要注意的是，在 GAP 中，命令是以分号“;”结尾. 如果我们不想让 GAP 立刻返回结果，需在命令后加两个分号. 如果要退出 GAP，则需输入命令 quit，并以分号结尾.

在 GAP 中，群元素可以按照置换的乘积方式直接相乘，不过它的乘法遵循从左到右的乘法规则(正好与本书第 1 章中的计算顺序相反). 如：

```
gap>(1,4)(2,3)*(2,4);
(1,2,3,4)
```

下面我们考察如何在 GAP 中通过元素生成子群.

```
gap>G:=DihedralGroup(IsPermGroup,16);
Group([(1,2,3,4,5,6,7,8),(2,8)(3,7)(4,6)])
gap>a:=G.1;
(1,2,3,4,5,6,7,8)
gap>b:=G.2;
(2,8)(3,7)(4,6)
gap>H:=Subgroup(G,[a]);
Group([(1,2,3,4,5,6,7,8)])
gap>Elements(H);
[(),(1,2,3,4,5,6,7,8),(1,3,5,7)(2,4,6,8),(1,4,7,2,5,8,3,6),
(1,5)(2,6)(3,7)(4,8),(1,6,3,8,5,2,7,4),(1,7,5,3)(2,8,6,4),
(1,8,7,6,5,4,3,2)].
gap>K:=Subgroup(G,[a,b]);
Group([(1,2,3,4,5,6,7,8),(2,8)(3,7)(4,6)])
gap>Size(K);
16
```

第一条命令生成一个 16 阶的二面体群并将其赋值给变量 G;第二条和第三条命令分别将 G 的两个生成元赋值给变量 a 和 b;第四条命令利用变量 a 生成 G 的一个子群 H,这是一个 8 阶循环群;下面又用 a 和 b 生成一个子群 K,并通过计算 K 的阶来确定 $K=G$.

GAP 中有大量有关有限群的函数,感兴趣的读者可以在其官网查阅 GAP 使用手册或教程.下面我们通过几个具体的例子展示 GAP 在群论计算方面的强大能力.

例 4.6.1 列出对称群 S_4 的所有子群,并按共轭类分类.

```
gap>#定义对称群 S4
gap>S4:=SymmetricGroup(4) ;;
gap>#计算所有子群
gap>all_subgroups:=AllSubgroups(S4);;
gap>Print("S4 的子群总数:",Size(all_subgroups),"\n");
S4 的子群总数:30
gap>#按共轭类分类
gap>conj_classes:=ConjugacyClassesSubgroups(S4);;
gap>Print("共轭类数量:",Size(conj_classes),"\n");
共轭类数量:11
gap>#打印每类的代表子群
gap> for cls in conj_classes do
>     rep:=Representative(cls);;
>     Print("代表子群:阶数=",Size(rep),",结构=",
```

```
StructureDescription(rep),",同类子群数=",Size(cls),"\n");
>od;
代表子群:阶数=1,结构=1,同类子群数=1
代表子群:阶数=2,结构=C2,同类子群数=3
代表子群:阶数=2,结构=C2,同类子群数=6
代表子群:阶数=3,结构=C3,同类子群数=4
代表子群:阶数=4,结构=C2×C2,同类子群数=1
代表子群:阶数=4,结构=C2×C2,同类子群数=3
代表子群:阶数=4,结构=C4,同类子群数=3
代表子群:阶数=6,结构=S3,同类子群数=4
代表子群:阶数=8,结构=D8,同类子群数=3
代表子群:阶数=12,结构=A4,同类子群数=1
代表子群:阶数=24,结构=S4,同类子群数=1
```

GAP 中的函数和命令的含义基本上是显而易见的,学过简单编程语言的读者都能理解.如"\n"表示换行,而

```
for var in listname do
      循环体
od;
```

就是对列表 listname 中的每一个变量 var 重复执行一次循环体.

函数 StructureDescription(rep)是输出群 rep 的结构描述.输出项中常见符号的含义如表 4.6.2 所示:

表 4.6.2　输出项中常见符号及含义

符号	含义	符号	含义
1	平凡群	Q⟨size⟩	四元数群
C⟨size⟩	有限循环群	QD⟨size⟩	拟二面体群
Z	无限循环群	D⟨size⟩	二面体群
A⟨degree⟩	交错群	SL⟨⟨n⟩,⟨q⟩⟩	特殊线性群
S⟨degree⟩	对称群	GL⟨⟨n⟩,⟨q⟩⟩	一般线性群

例 4.6.2　检查 S_4 的子群 $H=\{(1,2,3,4),(1,3)\}$ 是否是正规子群.

```
gap>#定义对称群 S4
gap>S4:=SymmetricGroup(4) ;;
gap>#定义子群 H
gap>H:=Group([(1,2,3,4),(1,3)]);;
gap>Print("H 的阶数:",Size(H),"\n");
```

```
H的阶数:8
gap>#验证正规性
gap> is_normal:=IsNormal(S4,H);
false
gap>Print("H是否是S4的正规子群?",is_normal,"\n");
H是否是S4的正规子群? false
gap>#计算H在S4中的正规化子
gap>N:=Normalizer(S4,H);
Group([(1,3),(2,4),(1,2)(3,4)])
gap>Print("H的正规化子阶数:",Size(N),"\n");
H的正规化子阶数:8
```

上面最后一条输出表明 H 的正规化子等于 H 自身,说明 H 不正规.

例 4.6.3 求四元数群 Q_8 的中心.

```
gap>#定义四元数群Q8
gap>Q8:=QuaternionGroup(IsPermGroup,8);;
gap>#计算中心
gap>Z_Q8:=Center(Q8);;
gap>Print("Q8的中心:",StructureDescription(Z_Q8),"\n");
Q8的中心:C2
gap>Print("中心元素:",Elements(Z_Q8),"\n");
中心元素:[(),(1,3)(2,4)(5,7)(6,8)]
```

实验 4.6

1. 计算二面体群 D_5 的所有子群,并按共轭类分类.

2. 列出对称群 S_5 的所有子群,并找出哪些子群是正规子群,最后与第 1.8 节中的理论结果比较.

3. 计算二面体群 D_5 的中心.

参考文献

[1] 孙智伟.近世代数[M].南京:南京大学出版社,2022.

[2] 张禾瑞.近世代数基础[M].修订本.北京:高等教育出版社,1978.

[3] 姚慕生.抽象代数学[M].上海:复旦大学出版社,1998.

[4] 冯克勤,李尚志,查建国,等.近世代数引论[M].合肥:中国科学技术大学出版社,2002.

[5] 冯克勤,章璞,李尚志.群与代数表示引论[M].2版.合肥:中国科学技术大学出版社,2006.

[6] 冯克勤,刘凤梅.代数与通信[M].北京:高等教育出版社,2005.

[7] 胡冠章,王殿军.应用近世代数[M].3版.北京:清华大学出版社,2006.

[8] 杨波.现代密码学[M].4版.北京:清华大学出版社,2017.

[9] 华罗庚,万哲先.华罗庚文集:代数卷Ⅰ[M].北京:科学出版社,2010.

[10] Jacobson N. Basic Algebra: Ⅰ,Ⅱ[M]. New York: Dover Publications, 1985.